情绪援救

直面焦虑与恐惧

蒋巍巍　王春玲/著

中华工商联合出版社

图书在版编目（CIP）数据

情绪援救：直面焦虑与恐惧 / 蒋巍巍，王春玲著. -- 北京：中华工商联合出版社，2023.2
 ISBN 978-7-5158-3602-7

Ⅰ．①情… Ⅱ．①蒋… ②王… Ⅲ．①焦虑－心理调节－通俗读物 ②恐惧－自我控制－通俗读物 Ⅳ．① B842.6-49

中国国家版本馆 CIP 数据核字（2023）第 027295 号

情绪援救：直面焦虑与恐惧

作　　者：	蒋巍巍　王春玲
出 品 人：	刘　刚
责任编辑：	于建廷　效慧辉
装帧设计：	周　源
责任审读：	付德华
责任印制：	迈致红
出版发行：	中华工商联合出版社有限责任公司
印　　刷：	北京毅峰迅捷印刷有限公司
版　　次：	2023 年 4 月第 1 版
印　　次：	2023 年 4 月第 1 次印刷
开　　本：	710mm × 1000 mm　1/16
字　　数：	240 千字
印　　张：	15.5
书　　号：	ISBN 978-7-5158-3602-7
定　　价：	45.00 元

服务热线：010-58301130-0（前台）
销售热线：010-58301132（发行部）
　　　　　010-58302977（网络部）
　　　　　010-58302837（馆配部）
　　　　　010-58302813（团购部）
地址邮编：北京市西城区西环广场 A 座
　　　　　19-20 层，100044
　　　　　http://www.chgslcbs.cn
投稿热线：010-58302907（总编室）
投稿邮箱：1621239583@qq.com

工商联版图书
版权所有　侵权必究

凡本社图书出现印装质量问题，请与印务部联系。
联系电话：010-58302915

序言
Preface

打开网页,搜索"焦虑"二字,铺天盖地的分享,袭面而来。

"我是一个沪漂,工作近十年,除了痴长了几岁之外,一无所有。"

"想跳出舒适圈,又觉得能力配不上野心,我这辈子都可能是一条咸鱼了。"

"每天加班熬夜,三十几岁的年纪,特别怕进医院,不敢去体检。"

"年龄对女性来说太不友好了,面对父母的催婚,真的很焦虑。"

"我害怕与人交往,总担心自己会出糗,成为别人眼中的笑话。"

类似这样的情境,总是不时地出现在生活中,而我们也会主动或被动地与焦虑相遇。

短暂的、合理性的焦虑没有什么问题,属于一种适应性的情绪,且有利于最佳水平发挥;若是长期陷入焦虑的情绪中,内心就会被恐惧、烦恼、不安等困扰,行为上出现退缩、消沉等,久而久之还会产生焦虑症。这就是弗洛伊德所说:"如果一个人不能适当地应付焦虑,

情绪援救

那么这种焦虑就会变成一种创伤，使这个人退回婴儿时期那种不能自立的状况。"

陷入紧张不安、焦躁难耐的状态时，正常的生活节奏会被打乱，负面情绪会占据上风。在这样的时刻，不要说幸福，就连好好生活，也会成为一种奢望。焦虑就像是住在心里的怪物，吞噬着生命中所有的美好。

容易焦虑的人想回避它，也许你曾尝试劝慰自己"想开点儿"，也曾拼命给自己"打鸡血"，却发现积极正向的鼓励，在焦虑面前不值一提，甚至完全失去了效用。情急之下，你甚至埋怨或指责自己，内心不够强大、经不起事儿……结果，越是自责，感觉越糟。

究竟该怎样做，才能够叫停焦虑呢？

我们需要认识到，人之所以会焦虑，是对潜在失控的恐慌，怕自己无法应对未来可能发生的事情。也就是说，焦虑总是与恐惧相伴的，但两者又存在区别：焦虑没有特定的针对对象，无法具体化威胁；恐惧有明确危险的反应，可以具体化威胁。想要消除焦虑，就要探寻焦虑背后的恐惧，知道自己究竟怕什么，才能更有针对性地去化解。

感谢你在茫茫书海中选择了这本书，也相信这本书不会辜负你的选择。通过这本书，你可以更深入地了解焦虑和恐惧，看到负面情绪背后真实的自己，参考书中提供的缓释焦虑和克服恐惧的方法作为日常的练习。在练习的过程中，希望你能多一点点耐心，不要太着急。成长是一个缓慢的过程，需要不断打破头脑中固有的、阻碍自我发展的旧认知、旧行为，看清自己和事物的真相，最终用新认知、新行为

序　言

替代原有的思维与行为模式。

　　成长之路艰难而漫长，却是最值得走的一条路。衷心地希望，每个人都能够冲破心中的樊篱，摆脱焦虑的裹挟，与恐惧共舞，更真实、更勇敢、更富弹性地活在当下。

目录 Contents

第一章 忧虑恐慌的不止你一个人

01 放下自责，焦虑不是你的错 / 003

02 焦虑的根源是对未知的恐惧 / 007

03 恐惧，只是因为天生胆小吗？ / 012

04 没有关切和威胁，就不会焦虑 / 016

05 莫名的担忧？警惕广泛性焦虑 / 020

06 惊恐发作是一种什么样的体验？ / 025

07 【实践课堂】：处理焦虑的三个步骤 / 028

08 【自由练习】：辨识想法与现实 / 031

第二章 认识焦虑与恐惧的积极意义

01 合理性的焦虑是成长的必须 / 035

02 恐惧是一种自我保护的方式 / 037

03 利用恐惧心理可以探寻真相 / 041

04 只有心存敬畏，才能行有所止 / 043

05 【实践课堂】：在心流状态中忘却焦虑 / 046

06 【自由练习】：呼吸正念冥想 / 049

第三章 停止无效的抵抗与逃避

01 正面思考不是任何时候都有效 / 053

02 抗拒焦虑的做法是在为焦虑赋能 / 056

03 不加评判地接受焦虑和恐惧 / 059

04 设想最坏的结果，预测心理防线 / 062

05 练习在焦虑中作出准确的行动 / 065

06 试着对焦虑的想法说声"谢谢" / 069

07 不再自我欺骗，直面过往的创伤 / 071

08 【实践课堂】：与焦虑进行理性的对话 / 074

09 【自由练习】：安抚内在小孩 / 076

第四章 痛苦的根源是不合理信念

01 令人产生痛苦的不合理信念 / 081

02 你有"必须强迫症"吗？ / 083

03 打破非黑即白的僵化信念 / 088

04 如何摆脱灾难化思维的笼罩 / 090

05 标签思维是禁锢人的枷锁 / 094

06 罪责归己会让痛苦无限弥漫 / 096

07 你不必非得和大多数人一样 / 100

08 【实践课堂】：从积极的视角看批评 / 103

09 【自由练习】：删除"必须" / 107

第五章 走出"自相搏斗"的困境

01 强迫症是一个人的自相搏斗 / 111

02 注意区分强迫型人格与强迫症 / 115

03 怎样判断自己是否患有强迫症？ / 118

04 对抗强迫症，你要比它更强大 / 120

05 向亲友坦白，不做沉默的羔羊 / 124

06 将"我"和"强迫症"分离 / 126

07 【实践课堂】：正确运用森田疗法 / 129

08 【自由练习】：为强迫症命名 / 131

第六章 与内心深处的恐惧共舞

01 唯一值得恐惧的是恐惧本身 / 135

02 控制自己对恐惧的生理反应 / 137

03 尝试用驾驭的方式应对恐惧 / 140

04 分享你的恐惧，你会获得勇气 / 143

05 慢慢战胜对特定事物的恐惧 / 146

06 了解恐惧在大脑中的运行机制 / 149

07 【实践课堂】：信念疗法，改变大脑结构 / 152

08 【自由练习】：和恐惧做朋友 / 154

第七章　正确应对生活中的压力

01 从心理压力到心身疾病有多远？ / 159

02 与压力共处是人生的必修课 / 163

03 也许，你该找个人聊聊 / 167

04 工作与生活是相辅相成的 / 169

05 每天留出一点放松的时刻 / 172

06 偶尔为自己按下"慢放键" / 176

07 如何有效地减轻时间压力 / 180

08 平衡来自阶段性的取舍 / 183

09 "鸡娃"盛行，你焦虑了吗？ / 187

10 【实践课堂】：叫停压力的三个练习 / 190

11 【自由练习】：压力清单 / 194

第八章　打破社交焦虑的束缚

01 社恐？不，也许只是社交焦虑！ / 199

02 社交焦虑者都有哪些行为迹象？ / 202

03 诱发社交焦虑的原因不是单一的 / 206

04 克服害羞，提升社会交往技能 / 210

05 摆脱内在批判者的控制和支配 / 214

06 拒绝，没有你想得那么可怕 / 217

07 减少自我关注，转移注意力 / 223

08 【实践课堂】: 从改变想法到改变行为 / 227

09 【自由练习】: 提升拒绝力 / 232

第一章

忧虑恐慌的不止你一个人

01 放下自责，焦虑不是你的错

"最近总感觉身体不舒服，根据症状上网查询了一下，整个人都不好了，上面的描述让人不寒而栗。我鼓起勇气去了医院，开了各项检查单，可检查结果要三天以后才能出来。我不知道接下来的三天要怎么熬过去？一想到这件事，就感觉要窒息，真怕得了什么病。"

"每次去朋友家做客，回来都觉得心里憋屈。十几年前，大家的状况都差不多，而今却拉开了难以弥补的差距。人家在事业上风生水起，我却每天还在为了还贷拼命努力。有时觉得活着好累，也想停下来享受一下生活，可又不敢，想到车贷房贷、养老育儿，就只能咬着牙往前走。"

"躺在床上的我，翻来覆去睡不着，脑子里冒出许多乱七八糟的念头，完全不受我的控制。我很着急，明天要早起赶飞机，到另一个城市参加会议，迟到了会很麻烦。我想早点睡着，可越是逼自己入睡，越是睡不着。我感觉头晕脑胀，好难受。"

"下周就要演讲了，我到现在还没有准备好演讲稿，脑子里一片空白，完全没有思路。要是我在台上出了糗，该有多尴尬？想到这件事，我就心慌，紧张得不得了。"

"不知道什么时候，自己被贴上了'大龄单身女青年'的标签。暂时没有遇见合适的人，我不想勉强走进婚姻，可看着父母那焦心的样子，自己也觉得难受。特别是面对'35岁以上就是高龄产妇'的说法，说一点都不担心是假的……"

上述这些情景，是不是觉得很熟悉？或者你在生活中遇到过其他经历？比如：大考来临之前，每天都心神不宁、坐立不安；换了新工作后，顿时觉得压力倍增；被领导批评后，心里一直耿耿于怀；遇到一点事情，立刻就想到最糟糕的情形。

这种无法控制、难以捉摸的负面情绪，以及让人惶惶不可终日的感受，正是焦虑。

焦虑

电影《蒂凡尼的早餐》中有一段对焦虑的描述，可谓恰如其分："焦虑是一种折磨人的情绪，焦虑令你恐慌，令你不知所措，令你手心冒汗。有时候，连你自己都不知道焦虑从何而来，只是隐约觉得什么事都不顺心，到底是因为什么呢？却又说不出来。"

人在感到焦虑时，往往会伴随一些身心和行为的变化：

1. 思想层面

担心未来不知道会发生什么；对已经发生的事情感到自责。

2. 身体层面

心慌、头晕目眩、出汗、呼吸急促、胃部不适、肩颈酸痛等身体不适感。

3. 情绪层面

焦虑不只是一种情绪，而是几种情绪交织，如愤怒、悲伤、厌恶等。

4. 行为层面

重复性的行为或习惯；回避或逃离的倾向；用暴饮暴食、抽烟喝酒等行为分散注意力；企图用占上风保护自己的行为，如威胁他人、表示愤怒等。

正确认识焦虑

许多人在出现焦虑情绪时，经常会陷入自责之中，认为自己太过脆弱，太经不起事儿。殊不知，焦虑是人内心深处普遍存在的一种情绪，它是心理防御机制所产生的应激反应，每个人在面对即将来临的、可能会造成危险或威胁的情境时，都会感到紧张不安、提心吊胆，甚至有末日降临之感。所以，焦虑不是你的错，也不意味着你脆弱，不要轻易给自己贴标签，更不要盲目夸大这种情绪体验，武断地认为自己患上了焦虑症。

现实生活中，多数人感受到的焦虑，尚未达到焦虑症的程度，更多的是一种焦虑情绪。我们需要认识焦虑情绪和焦虑症不是一回事，有焦虑情绪不代表就是患了焦虑症。

焦虑情绪≠焦虑症

焦虑症是一种病理性焦虑，是指持续地、无具体原因地惊慌和紧张，或没有现实依据地预感到威胁、灾难，并伴有心悸、发抖等躯体症状，个体常常感到主观痛苦，且社会功能受到损害。概括来说，焦虑症具有以下几方面的特点：

1. 焦虑情绪的强度，没有现实依据，或与现实的威胁不相称；
2. 焦虑是持续性的，不随客观问题的解决而消失；
3. 焦虑导致个体精神痛苦、自我效能下降，是非适应性的；
4. 伴有明显的自主神经功能紊乱及运动性不安，包括胸闷、气短、心悸等；
5. 预感到灾难或威胁的痛苦体验，对预感到的灾难感到缺乏应对能力。

焦虑情绪，也称现实性焦虑，即对现实的潜在威胁或挑战的一种情绪反应。这种情绪反应，与现实威胁的事实相适应，是个体在面临自己无法控制的事件或情景时的一般反应。现实性焦虑的特点，主要体现在以下几个方面：

1. 焦虑强度与现实的威胁程度相一致；
2. 焦虑情绪会伴随现实威胁的消失而消失，具有适应性意义；

3.有利于个体调动潜能和资源应对现实挑战，逐渐达到应对挑战所需的控制感，以及解决问题的办法，直至现实的威胁得到控制或消失。

在陷入焦虑的情绪中时，多数人都会迫切地想要摆脱这种不舒服的情绪体验；或是把这种情绪深藏在心里，担心被别人发现；或是破罐子破摔，任由焦虑蔓延。不得不说，这种做法是无益且无效的。

著名心理学家阿尔伯特·埃利斯说："人之所以会产生焦虑，是因为心里有欲望，意识到自己可能会失去，或出现不希望发生的事情。如果人完全没有期望、欲望和希望，不管发生什么都漠不关心，那就不会产生焦虑，估计也就命不久矣了。"

焦虑本身并不可怕，真正可怕的是对焦虑的错过归因，将其视为个人性格的缺点，因焦虑而内疚自责，给自己的生活蒙上了一层阴影。正确认识焦虑，消除对焦虑的误解，才能更好地应对焦虑。

02 焦虑的根源是对未知的恐惧

许多下过象棋或围棋的朋友，大概都有过这样的经历：

遇见比自己强的对手，就会不由得紧张焦虑，恨不得赶紧找到击垮对方的破绽。之所以不由自主地这样做，是因为有一种失控的恐惧感，感觉难以控制局面，就着急寻找突破口。

反之，遇见比自己弱的对手，心态就会比较放松，也会不由自主地放缓动作，因为觉得主动权在自己手里，即便不能立刻打败对方，至少不会输。

焦虑的本质是恐惧

当我们面对未知的、不确定的情形时，会产生一种失控的不安全感。面对潜在的失控或不安全，我们所感受到的焦虑，其实就是潜意识里的恐惧，甚至是危及生存的恐惧。

现实生活中有哪些东西，会让我们感到焦虑呢？或者说，当我们感到焦虑时，我们的潜意识究竟在害怕什么呢？

1.——"我害怕失败！"

当一个人对自身要求过高，执着地追求完美，害怕犯错和失败时，就很容易给自己带来莫须有的压力，时刻充满担忧和焦虑，经常为达不到标准而自责。

美娜是一家文化公司的企划专员，做事认真，但效率却令人头疼。领导交代的任务，她总是无法按时完成，一旦发现某个环节存在瑕疵，就会全盘推翻、重新来过。每个月的员工考核，美娜都难以达标，为此她饱受焦虑与自责的折磨。

2.——"我害怕错过什么!"

睡前醒后、工作期间,总是忍不住刷手机,害怕错过任何讯息,这种患得患失而导致的持续性焦虑,就是错失恐惧症的表现。美国作家安娜·斯塔梅尔指出:"错失恐惧症就像一种传染病,染此病者不惜代价,无法拒绝任何邀约,担心错过任何有助于人际关系的活动。"

3.——"我害怕无力应对。"

压力是一种紧张状态,是身体对外界强加给自身刺激的应激反应。适度的压力是自然且必要的。因为在感受到压力的时候,人的身体会分泌肾上腺素和皮质醇,提高人短期的兴奋度。可如果超过了一定的界限(因人而异,没有固定标准),皮质醇持续分泌,交感神经一直处于高度兴奋状态,皮质醇的调解模式就会失常。

皮质醇是把心理压力转化为神经症的生理中介,当这个中介出了问题以后,心理的问题就会通过生理的方式呈现出来,导致血压升高、免疫力下降、消化功能遭到破坏、身体疲劳、记忆力和注意力减退……当然,在出现这些身体不适的过程中,还会出现焦虑、抑郁等情绪。

4.——"我害怕不被认同。"

心理学研究表明,自尊的形成依赖三种途径:第一,自我评价;第二,他人评价;第三,社会比较。个体在成长的过程中,他人评价和社会比较会直接影响自我评价,特别是低自尊者,对自我的认识几乎完全建立在别人的看法上。他们总是为了他人的评价而活,当自己准备做一项重要决定时,脑海里最先闪现的就是"别人会怎么看我"?他们把大部分的精力都用在了察言观色上,有时他人不经意的一个眼神、一句沮丧的话，都可能让他们觉得是自己做得不好，继而陷入焦虑中。

5.——"我害怕面对创伤。"

许多人经历过创伤性事件，如火灾、地震、战争、车祸等，尽管活了下来，却发现生活再也不像从前了。那些记忆闪回，以及通过身体记忆的创伤再体验，依然会给当事人带来严重的困扰。他们会回避容易勾起内心恐惧感的事物，且在生活中过度警觉，一旦遇到与创伤相似的情境，焦虑感就会飙升。

6.——"我害怕失去自我。"

心理学家认为，痛苦最根本的原因不是情绪上的冲突，而是认知上的局限和障碍。换句话说，人之所以会有情绪上的冲突，是因为对自己的本体一无所知。人们社会愈发倾向于一种"身份社会"，我们太在乎与外界的交流与接触，而导致了与自己的疏离。因为我们不知道自己是谁，不认识自己的本质，无法自在地做自己，才会有情绪上的苦恼。

最常见的情形是，一个女人成为母亲之后，就会变成社会认同的那个身份：一个关怀者。似乎，给予子女的关怀越多，受到的评价就越高，反之亦然。可是，在努力成为一个关怀者的过程中，许多女性并不是真的在享受那个过程，她们要承载另一个生命的抚养义务，内心充满了焦灼和压抑。

每天属于自己的时间越来越少了，自己的人生目标变成了孩子的人生目标，然而自己在母亲这方面却永远做得不够好。这也提示着我们：同一个人，多重身份，只有在自我和其他身份之间找到平衡，才能减少焦虑和抑郁。

正确认识"不确定性"

焦虑源于对未知的、不确定性的恐惧，认识这一点，就为我们缓解焦虑和恐惧提供了可行的路径。我们必须认识到，生活中有很多事情是难以确定的，也并非人为可掌控的，我们需要接受这是生活的一部分，要理性地、辩证地看待不确定性。

1. 接受不确定性的存在有积极意义

你讨厌不确定性，讨厌焦虑的感觉，如果将这些不确定全都变成确定，生活就一定会变好吗？答案是否定的。这就如同观影，事先知道了过程和结局，也就没有兴致认真、投入地去看了。生活也是因为充满不确定性，才成了一场别样的体验。

同时，不确定性并不一定预示着不好的结果，只是存在这种可能性。当我们接受了不确定性的存在，提前认识到可能会出现糟糕的结果时，就可以多加留意和防范，在坏的情况初露端倪时，采取有效的措施进行积极干预。

2. 认识到不确定性不等于糟糕的结果

不确定性，意味着一件事情的结果是未知的，有可能是坏，也有可能是好。尝试想象一下，事情将会出现好的结果，或者是中性的结果，可以减少一些焦虑。

3. 给自己留出一段时间集中精力去焦虑

当你为了不确定会出现的坏结果感到焦虑时，你不妨给自己专门留出一段时间，集中精力去想"一定会出现这种糟糕的结果"。真的这样做时，你可能会发现，无论令你担忧害怕的结果是什么，你都没办法长时间地沉浸其中去焦虑，这种行为反而会令人厌烦。

生活没有想象中那么好，但也没有想象中那么糟糕，接受不确定性是生活的一部分，可以让我们更从容地面对变化，避免时刻被焦虑困扰。

03 恐惧，只是因为天生胆小吗？

焦虑的根源是恐惧，而恐惧是人类永远无法摆脱的情感之一。这也间接地提醒我们，无论世事如何变迁，拥有怎样的身份和地位，我们都注定要与焦虑和恐惧共存。

有些人将恐惧归咎于遗传因素，认为胆小是天生的，这样的归因有没有道理呢？

美国埃默里大学的研究人员，曾用巴甫洛夫的经典条件反射法进行过一项实验：他们先让雄性老鼠嗅苯乙酮的味道（与樱桃味很相似），然后对这只雄性老鼠进行电击。老鼠以为疼痛感来自樱桃的气味，由此就对樱桃味产生了恐惧感。

后续的研究发现，这只雄性老鼠的后代，即便生活环境跟父辈不一样，也未曾接触过樱桃气味，但它们也会对樱桃味产生恐惧感，每次嗅到这种气味就会发抖。与此同时，研究人员也用雌性老鼠进行了类似的实验，结果发现，雌性老鼠的后代也对樱桃味产生了恐惧心理。

研究人员还发现，老鼠对樱桃气味的恐惧，不仅仅可以通过自然繁育的方式遗传给后代，利用人工授精、交叉抚育的后代，也同样对樱桃味感到恐惧。他们甚至发现，老鼠们对樱桃味的恐惧一直延续到第三代，也就是孙子辈，这似乎印证了恐惧基因可以隔代遗传。

另外，研究人员又利用脚步声作为刺激源对老鼠进行实验，结果发现：对脚步声感到恐惧的老鼠的后代，会比其他老鼠更容易对脚步声产生恐惧心理。如果对老鼠进行新的恐惧刺激，也没办法消除原有的恐惧刺激，这说明老鼠已将对某种刺激的恐惧保存在了大脑中。

实验证明，恐惧感和基因之间存在直接关系。后来，国外的研究者通过实验发现，人类也存在相似的情况：在"二战"期间有过紧张、恐惧不安的生活经历者，其后代患有孤僻症、恐惧症等精神障碍的比例高于其他人的后代。

既然恐惧感和基因有关系，那能不能就此认定，如果一个人有了产生某种恐惧感的基因,就一定会患有某种恐惧症呢?答案是否定的!

恐惧心理与基因有关,但基因不是唯一的决定性因素

基因遗传只是为人类对某种事物产生恐惧心理提供了可能,但可能不等于事实,决定其是否会成为事实的是人类后天的行为。所以,人类的恐惧心理并非都因为"天生胆小",对某种事物感到恐惧更多的来自生活环境。

那么,生活中的哪些因素容易让人产生恐惧心理呢?

1. 创伤性事件

根据条件反射的原理,人类的恐惧感是从过往的经验中习得的。

如果有一种令人恐惧的刺激反复出现多次,就会形成条件反射,那些令人恐惧的刺激就变成了人们恐惧的对象。比如:年少时有过被欺凌的经历,或长期生活在充满暴力的家庭环境中,在遇到冲突和争吵时,就会感到焦虑和恐惧。

如果某件事物第一次对人造成了伤害,这种伤害会无意识地存入大脑,之后再与该事物接触时,人就会无意识地躲避。如果某一次的创伤非常严重,那么一次创伤就可能让人形成持久的恐惧感,也就是人们说的"一朝被蛇咬,十年怕井绳"。

过往的经历是恐惧感的来源之一,且无须刻意记忆,而不幸的经历给人带来的恐惧感更强烈、更持久。需要说明的是,并不是所有经

历过创伤的人都会形成恐惧感,这与人的自我调节能力有关,也与后期处理恐惧的方式有关。所以,即便我们经历过创伤,也不代表这一生就要背负着恐惧度日。

2. 沉重的压力

压力是个体在心理受到威胁时产生的一种负面情绪。当我们背负着沉重的压力时,会觉得自己很脆弱,面对原本不害怕的事情也会变得畏畏缩缩,感觉无力承受,对自己和周围的环境都缺乏信心,无法排解内心中的苦闷。

有些压力不会直接让人对某件事物产生恐惧,但会影响人的心态。比如:经常加班无休的人,不会觉得加班是一件可怕的事,可一旦你让他闲下来,他就会感到焦虑和恐惧,不知所措,还会产生负罪感,这就是"压力上瘾"的表现。

3. 他人的影响

很多时候,恐惧不只是个体的心理感受和行为现象。在某一群体中,可能存在多数人都恐惧某一种事物的现象,因为恐惧心理是会相互影响的。

儿童的恐惧反应大都是从父母那里习得的,如果父母对某一种事物存在强烈的恐惧感,孩子就会认为这个东西很危险,从而表现出和父母一样的恐惧。

如果父母在孩子面前掩饰自己的恐惧,是否可以避免恐惧心理的传染呢?事实证明,这种做法是无效的。孩子的感受力很强,他们可以清晰地觉察到父母有隐瞒的倾向,并猜测父母为何会对某种事物感到害怕。这种迷惑的状态，可能会给孩子造成更严重的伤害，倒不如直接向孩子解释清楚自己恐惧的原因，以及自己所害怕的东西并没有那么危险。

恐惧在儿童之间也会产生影响，比如：有的孩子目睹了小伙伴"晕针"的情景后，也开始对打针产生恐惧感，之后一遇到要打针的情形，就会感到焦虑和紧张，甚至会在打针时也出现"晕针"的情况。

4. 负面的信息传播

身处互联网时代，每天要接触海量的信息，其中有些信息是带有误导性的，无论是无心之举，还是为博流量制造的噱头，都可能给人带来恐慌心理。

认识到恐惧心理与上述的生活环境因素有关，有助于我们正确理解自己的恐惧感。在对某一事物感到焦虑和恐惧的时候，我们不妨回想一下：这种恐惧感最初是从哪儿来的？为什么会对这一事物感到害怕？是创伤使然，还是受他人或认知偏见的影响？找出具体的原因，我们往往就能够更好地理解自己的恐惧，并可以有针对性地寻找减缓恐惧的方法。

04 没有关切和威胁，就不会焦虑

焦虑是一种与紧张、担忧、不安和恐慌密切相关的心理和生理状态，是对于未知的一种模糊不清的恐惧感，它总是指望未来，也总是在传递危险信息。无论我们的潜意识对生活中哪一种可能发生的情境感到恐惧，焦虑都会随之而来。

虽然每个人害怕面对的东西不一样，但究其核心却存在共通之处：这一情境、这一事件的结果是自己十分在意的，且它让自己感知了威胁。如果我们不在意一件事、一个人，就算结果是失败、是失去，也不会太上心，更不会为此感到焦虑。

在《如何才能不焦虑》一书中，作者提出过一个公式，我认为很恰当：

焦虑 = 关切 + 威胁

如果某件事情是你在意的，且已经感知到了某种潜在的威胁，那么焦虑就会产生。

案例 1：

　　Sam 有情绪性进食的问题，他知道这样对身体不好，也害怕患上高血脂、高血糖等慢性疾病，但他一直不敢去医院检查。这一年多的时间里，他经常为这件事焦虑，特别是在每次暴食之后，还会被自责和愧疚裹挟。

○ Sam 关切的事物——身体健康
○ Sam 感知到的潜在威胁——因情绪性进食导致慢性病

对 Sam 来说，目前的身体是否已经因不良的饮食方式而患病是一个未知事件，而这个未知的结果让他十分恐惧，所以每次暴食后，他的焦虑指数会猛增。

案例 2：

Suzy 在没有成为妈妈之前，几乎从来都不关注家庭教育和孩子上学方面的问题。可是，当儿子出生之后，Suzy 的大部分注意力都转移到这些方面，且明显感觉比过去更容易焦虑了。

明年，Suzy 的儿子要上幼儿园了，她开始纠结是上公立园还是私立园的问题，也开始计算入园后的各项花销。实际上，她内心是希望让孩子上条件好一点的私立幼儿园，可一想到自己还背着贷款，每月要多支出四千多元，瞬间就感觉透不过气来……这件事情困扰着 Suzy，让她焦虑不安。

○ Suzy 关切的事物——孩子入园
○ Suzy 感知到的潜在威胁——资金压力

透过上述的两个生活案例，你应该能够清晰地看到这一事实：没有关切，就不会焦虑；没有感知到威胁的存在，也不会焦虑。所有在生活中引发焦虑的情境，往往都是因为我们对这些事件的结果特别在意，且感受到了一种迫在眉睫的威胁。

减缓焦虑 = 减少关切或降低威胁

理解"焦虑 = 关切 + 威胁"这一事实，对我们有何意义呢？

至关重要！当我们把焦虑追溯到那些让我们关切并感知到威胁的事物上时，我们就可以找到有效缓解焦虑的切入口——减少关切或降低威胁，重构导致焦虑的思维模式。

案例1：

Sam的焦虑来自害怕长期的情绪性进食给身体带来损伤，对他而言，有效缓解焦虑的做法就是，鼓起勇气去医院做全面的检查，得到一个确定的结果。无论是否患病，得到确定的消息，都可以减少胡思乱想带来的恐慌与内耗，同时也能够促使Sam对情绪性进食的问题进行针对性的调整，以减弱或消除威胁。

案例2：

Suzy焦虑的问题是，想让孩子上私立幼儿园，又感受到了资金方面的威胁。想要缓解焦虑的状态，Suzy可以做的选择有两个：

第一，降低资金问题带来的威胁，直接选择上公立幼儿园。

第二，想办法创造更多的收入，比如：出租现有的房子、换一份高薪的工作、取出定期存款，为孩子入园的资金提供保障。这一选择的实质是，尽管资金的威胁仍然存在，但可以通过其他方式弥补资金缺口，从而降低关切感和威胁感。

当然，Suzy需要衡量一下，哪一个选择更实际，哪一个代价是自己能够承受的。

这里提供的两个案例，只是作为一种说明和参照，让大家理解"关切+威胁=焦虑"这个公式，并结合自己遇到的问题灵活运用。实际上，这个公式为我们提供两个可以干预的因素：要么减少关切（不那么在意）；要么改变对威胁的认识（即便……又如何），只要改变其中的一个因素，焦虑体验就会随之发生改变。

当你为了某个问题焦虑不安时，问问自己：我在意的是什么？我感知到的威胁是什么？在关切和威胁这两个要素中，我可以调适哪一个？慢慢梳理心绪，你会变得平静，并逐渐恢复理性，并深切地感受到：让你焦虑的不是事情本身，而是你对事情的看法。

05 莫名的担忧？警惕广泛性焦虑

莎莉的妈妈总是一副忧心忡忡的样子，任何风吹草动都会让她心烦意乱、焦躁不安。莎莉上班必须每天按时按点回家，一旦比平时晚了十几分钟，妈妈就会不停地打电话，生怕她在路上遇到危险。公司举办庆功晚宴，莎莉刚打电话给家里告知情况，妈妈就坐立不安了，询问具体的地点、参加人员，千叮咛万嘱咐。然后，隔一个小时就打个电话询问。即便莎莉想跟同事多玩会儿，也由不得她，过了夜里11点，妈妈就直接开车去接她，怕她发生意外。

如果只是担心莎莉的人身安危，或许还能够理解，但她似乎在任何事情上都无法摆脱这种担心。出门旅行，她会提前一周做好所有的出行计划，包括乘坐哪趟列车、住哪家酒

第一章　忧虑恐慌的不止你一个人

店、吃哪家餐厅，必须保证明确无误；到了出行那天，总是提前3小时出门，哪怕从自己家到火车站只有1小时的地铁路程。如果在旅行地，莎莉临时提出去别的景点，妈妈就会担心不好坐车、找不到吃饭的餐厅，晚上无法按时回到订好的酒店。

　　妈妈的这种担心，有时也让莎莉很厌烦，毕竟她不是小孩，她已经35岁了。每当莎莉要出差，妈妈都得了解她的出行路线，途中还要打电话询问是否顺利？安全抵达酒店后，还要操心居住环境是否干净卫生，饮食如何解决？要是莎莉身体不适，她在言语上就会显得紧张不安，根据莎莉的症状去揣测她是患了某种疾病，且是很严重的那种。

　　在任何一种情况下，莎莉的妈妈都会习惯性地想到自己、女儿或其他亲近之人可能会面临的风险。在面对不确定的状况时，她立刻就会做出最糟糕的假设；在面对将要发生的状况时，她会预测所有的风险，以便更好地控制这些风险。

　　谨小慎微，防患于未然，当然不是错，这能够帮助我们避免一些意外和灾祸。毕竟，在灾祸面前，我们的生命显得异常脆弱，不堪一击。然而，这并不妨碍我们在大多数时候维持正常的生活，也不妨碍我们对可控的风险采取必要的预防措施。

　　现实生活中，我们经常检查天然气是否有泄露，开车系好安全带，但我们不会每次出门都担心会发生燃气爆炸，或是在每个拐角处都会发生意外。对于亲人遭遇车祸、家人罹患重疾的小概率事件，如果没有发生，很少有人会为它忧思劳苦。如果是延误火车、所到景点没有吃饭的餐厅，这些问题是有点麻烦，但不至于让人持续地焦虑不安。

显然，莎莉妈妈的情形与之并不一样，她总是在为那些不太可能发生的小事担忧，并为预防事情的发生而呈现出紧张不安、焦躁难耐的状态。

她的焦虑是广泛的，不存在特定的压力源，她会不断地对周围环境进行扫描，寻找潜在的威胁，有选择性地关注危险信号。她以一个普遍的前提假设来指引生活，即："世界充满了危险，我必须时刻小心警惕，避免和控制任何会伤害到我的潜在威胁。"

针对莎莉妈妈这样的情况，心理学上有一个专属名词——广泛性焦虑。

广泛性焦虑

广泛性焦虑，是一种以持续的、弥散性的、无明确对象的紧张不安，伴有自主神经功能兴奋和过度警觉为特征的慢性焦虑障碍。广泛性焦虑者几乎对所有事情都感到焦虑，习惯性地将事情朝着坏的方面想，认为生活中处处充满危机，哪怕这种想法与实际情况不符。

研究表明，约有7%的人会在一生中的某个阶段患上广泛性焦虑，它对女性的影响是男性的2倍。在因心理疾病就诊的人群中，广泛性焦虑者所占比例约为1/4，而通过认知行为疗法，约有3/4的广泛性焦虑者都能取得明显的疗效。

广泛性焦虑者的恐惧预警系统非常敏感，响铃又快又频繁。如果不能有效地理解、接受和控制焦虑，他们会承受巨大的痛苦。毕竟，整天想着可能发生的灾祸，很容易让人精神涣散，辗转难眠。和他们在一起生活的人，也会感到厌烦和疲累。

那么，广泛性焦虑是怎么形成的呢？通常来说，它受以下几方面因素的影响：

1. 环境变化

焦虑是人类在面对不确定事物时产生的本能反应，大脑认为不确定的事物就是威胁，因此促生了焦虑，让我们有足够的能量和动力去摆脱威胁。现代社会信息量骤增，环境变化迅速，人们面对的不确定和威胁也越来越多，焦虑感必然也会增强，以便评估风险、提前做好规避预防措施，更好地适应不断变化的状况。

2. 遗传因素

研究表明，广泛性焦虑有一定的遗传倾向，大约占38%的遗传概率。虽然焦虑会遗传，但并不意味着人们会长期处于焦虑中，我们仍然可以通过正确的方式方法，降低广泛性焦虑对日常生活的影响。

3. 早年经历

从精神分析角度来说，有些广泛性焦虑总是处于紧张不安中，是为了对抗一种更深层的无意识的焦虑，这种焦虑与其早年经历的某些事情有关。正因为此，不少焦虑症患者都渴望进行精神分析治疗，他们希望通过与治疗师的沟通，能够重新体验过去的情感经历，从而意识到焦虑的根源，真正地解决问题。

4. 突发事件

生活中的突发事件容易激发人们形成广泛性焦虑，如罹患重病、遭遇意外事故等。同时，不只是负面事件会让人产生焦虑，有些好事也会引发当事人的焦虑，如：工作中被委以重任，生育子女等，都可能让当事人感到责任重大，由焦虑情绪演变成广泛性焦虑。

对多数的广泛性焦虑者来说，诱发其焦虑的因素往往不是单一的，可能是多个因素融合的结果。无论是出于哪一种原因，通过恰当的治疗，都可以降低对自身生活的不利影响。

如何缓解广泛性焦虑？

我们在后续的章节中会陆续介绍减缓焦虑的方法，这些针对广泛性焦虑也有效。在这里，简单提供几个缓解焦虑的小方法，希望能给患有广泛性焦虑的朋友带来些许帮助：

方法1：写下焦虑

在多数时间里，广泛性焦虑者焦虑的都是同一件事或相同的几件事。为此，不妨每天花15分钟来思考令自己焦虑的问题，并将其写下来。经过几天，就会发现自己焦虑的大都是同一件事，而在过去的这段时间里，自己忧虑的情况并未发生；即便真的发生了，结果也没想象得那么可怕，完全没有必要担忧得寝食难安。

方法2：提出疑问

当你的脑子里冒出一些不切实际的想法，并开始为各种各样的事情担忧时，不妨向脑海中的这些想法发出疑问："我在担心什么？这件事是不是100%会发生？我为什么如此担忧？我能做点什么让自己不这么焦虑？怎么做可以让我不必如此担忧？"梳理出这些问题的答案后，焦虑指数往往就会降低。

06 惊恐发作是一种什么样的体验？

多年前，荀总经历了一场车祸，妻子和大儿子在车祸中遇难，只留他与小儿子荀昊相依为命。那场意外发生后，荀总对小儿子格外上心，在给予全部关爱的同时，也给了他加倍的约束。年少时的荀昊，一切都听从父亲的，可随着年龄的增长，他开始有了自己的想法，不愿事事都听从父亲的安排，一心想出国留学，父子俩的关系闹得很僵。

荀总不同意小儿子的想法，他有自己的道理："我天天为他担心，他为什么不听话非要跑到国外去？万一出了什么事情，对得起谁？他对得起我吗？"跟儿子闹翻后，荀总的身体开始出现一系列不适的症状——出汗、发抖、恶心、心跳加速、产生濒死感。然而，医院的各项检查报告显示，荀总没有任何疾病。

备受折磨的荀总，在朋友的推荐下，走进了心理咨询室。

情绪援救

经过咨询师的详细了解和询问，荀总真正的问题终于浮出水面：妻子和大儿子车祸离世后，荀总和小儿子相依为命。荀昊出国后，就只剩下荀总一个人孤独地生活。之后，他在新闻上看到国外疫情爆发，担忧和焦虑交杂，导致惊恐障碍发作！不明原因的身体症状，又进一步加深了荀总的担忧，他害怕万一自己罹患重病，再也无法照顾小儿子。

在咨询师的协助下，荀总认识到了自己真正的心结。在现实层面，他也跟小儿子进行了坦诚地交流，惊恐障碍也随之好转了。

这是电视剧《女心理师》中的一个典型案例，为观众科普的是"惊恐发作"。

惊恐发作：急性焦虑症

惊恐发作是急性焦虑症的一种表现形式，患者会心跳加速，胸口憋闷，喉咙有堵塞感，呼吸困难，产生强烈的惊恐感和濒死感。由于惊恐引发的过度呼吸导致呼吸性碱中毒，继而引发四肢麻木、腹部坠胀等，让患者恐惧加剧，精神崩溃。惊恐发作，通常持续几分钟或数小时，在发作后或进行适当治疗后，症状会有所缓解或消失。

如果出现上述症状，并不能判断一定就是惊恐发作，也可能是生理原因所致。为此，出现症状后，要先到医院进行检查，排除身体疾病及饮酒、滥用药物等因素的影响。在排除这些因素的影响下，倘若还存在类似症状，那么就有可能是惊恐发作。

尤里乌斯·凯撒曾说："看不见的东西，比看得见的东西更容易扰乱人心。"

惊恐发作是很突然的，没有特殊的原因和情境，且发作无固定规律，往往令人猝不及防。虽然发作时持续时间不长（5~20分钟），可当事人对这种强烈的身心感受印象极深，在症状缓解之后（大约1小时可自行缓解），内心依然对此感到恐惧和不安，稍有不适和变化，就会催生出万分的担忧，从而加重焦虑。

在惊恐发作的间歇期，有60%的当事人因为担心惊恐发作时无法得到及时地救助，从而不愿意去公共场所，或是不愿意独自出门。所以说，让惊恐发作者感到焦虑的，不仅仅是惊恐发作时的濒死感，还有不知道什么时候会发作的担忧。

惊恐发作源于内心的恐惧

惊恐发作，基于对未来结果灾难性的预测及反应，源于内心深处的恐惧。遇到特殊情况时（如飞机遇到气流、目睹灾难性事件），我们可能会产生强烈的失控感和无力感，如果无法调整好自己的状态，就可能会被吓坏，从而导致惊恐发作。

这也提示我们，引发惊恐的当事人，也是可以终结惊恐的那个人。这里有几条建议，可以给惊恐发作者带来一些启迪和帮助：

建议 1：正确认识惊恐

许多人在经历惊恐发作时，认为自己陷入绝境、濒临死亡，但实际情况并不是这样。惊恐就像是心中的魔鬼，你越怕它，它越猖獗；你不怕它，它对你的影响就没那么大。所以，要正确认识惊恐，告诉自己惊恐发作没那么可怕，只是让人不太舒服而已。放下过度的担忧，往往是减少惊恐发作的开始。

建议 2：循序渐进地克服

克服惊恐不能着急，要循序渐进。打个比方，你不敢独自开车上路，那就先在朋友或家人的陪同下开车；当你克服了对开车这件事的恐惧后，再尝试独自开车一小段距离，让朋友在终点等你；接下来，再尝试长距离的独自驾驶，直到你觉得这件事并不难时，就克服了惊恐。

建议 3：主动面对惊恐

惊恐通常是突然袭击，令人措手不及。如果总是想着逃避，希望它永远不再找上自己，就会陷入被动之中。要克服惊恐，还是需要主动出击，积极地寻求帮助，了解和看到内心深处真正的恐惧和担忧，以正常的思维去分析问题，从而减少焦虑和恐惧，降低惊恐发作的概率。

07 【实践课堂】：处理焦虑的三个步骤

焦虑是一种类似担心害怕的情绪体验，焦虑者时常会处在不安的状态中，吃饭不香，睡觉不实，整天都揣着心事，对身边的事物难以提起兴趣，经常会担心自己的身体出了问题，或是担心孩子的安危，或是担心自己的前途和未来。

其实呢？现实的状况并没有焦虑者想象得那么糟糕，还没有到身临困境或危险的境地，那只是他们预感会有不好的事情发生，或是对事情可能出现的各种结果把握不定。

这种焦虑的情绪，会出现在各个年龄、各个层次的人身上，就算是大人物也难免会患焦虑症。

有没有什么办法，能够迅速地减缓焦虑，找回一些平静呢？

处理焦虑情绪的"三个步骤"

美国著名工程师成利斯·卡利尔曾经把一件工作搞砸了，这会给公司带来巨大的损失。面对这样的突发事件，他心里焦虑万分，很长时间都陷入痛苦中不可自拔。幸好，最终理性还是战胜了糟糕的情绪，这种焦虑是多余的，必须要让自己平静下来才能想到解决问题的办法。没想到，这种强迫自己平静下来的心理状态，真的起了效用。后来的三十多年里，卡利尔一直遵循着这种方法，遇到事情先命令自己"不许激动"。

卡利尔是怎么做的呢？结合他当时的处境，我们不妨借鉴一下他处理焦虑的步骤：

步骤1：冷静分析，设想最坏的结果

心平气和地分析情况，设想已经出现的问题可能会带来的最坏结果。

当时，卡利尔面临的情况也比较糟糕，但还不至于到坐牢的境地，顶多是丢了工作。

步骤2：做好准备，承担最坏的结果

预估最坏的结果后，做好勇敢承担下来的思想准备。

卡利尔告诉自己，这次失败会给我的人生留下一个不光彩的痕迹，影响我的晋升，甚至让我失业。可即便我丢了工作，我还可以去其他地方做事，这也不是什么大事。当他仔细分析了可能造成的最坏结果，并准备心甘情愿地去承受这个结果后，他突然觉得轻松了很多，心里不再压抑憋闷，找回了久违的平静。

步骤3：尽力而为，排除最坏的结果

心情平静后，把所有的时间和精力用在工作上，尽量排除最坏的结果。

卡利尔的做法是，做了多次试验，设法把损失降到最低。后来，公司非但没有损失，还净赚了1.5万美元。

上述的三个步骤，可谓是处理焦虑情绪的通用方法。

人在陷入焦虑状态中时，会破坏集中思维的能力，思想无法专心致志地想问题，也很容易丧失当机立断的能力。选择强迫终止焦虑，正视现实，准备承担最坏的后果，就可以消除一切模糊不清的念头，让人集中精力去思考解决问题的办法。

上述过程的实质，就是让自己冷静下来，明白事情最坏的结果是什么？自己有没有勇气去承担？当你能够回答这个问题后，焦虑自然会减轻很多。接下来，就是想办法阻止那个最坏的结果发生，当你找到解决的办法，全力以赴让它变成现实时，很快就能从焦虑的情绪中跳出来，因为你的注意力全用在付诸努力上了，根本没时间去胡思乱想了。

08 【自由练习】：辨识想法与现实

1. 回想一下，曾经让你感觉非常焦虑，但后来发现这种担忧完全没有必要的情境？

_____

_____

2. 当时，你最关心的是什么？感受到的威胁又是什么？

_____

_____

3. 分析一下你的关心和恐惧，它们到底是真实存在的，还是想象出来的？是否能够以减少关切或重新认识威胁的方式，来降低你的焦虑感？

_____

_____

第二章

认识焦虑与恐惧的积极意义

01 合理性的焦虑是成长的必须

在较为原始的时代，存活是人类最为关切的问题，而外界的猛兽、自然灾害也是客观存在的威胁，由关切和威胁引发的焦虑让人类心怀恐惧，遇到任何风吹草动就会迅速开启预警模式，以求保住性命。焦虑虽然令人不舒服，但它能够帮助人类和其他物种存活下来，这也是它能够在进化中得以存续的原因之一。

合理性的焦虑有助于个体成长

认知行为疗法的鼻祖埃利斯曾客观地指出：合理性的焦虑对人类而言是一种恩赐，它可以帮助人们获得自己想要的东西，避免担心的事情发生。现在，我们自然不必再躲避野兽的追捕，可现实中的一些问题，还是会让我们感到焦虑，而这种焦虑是有助于我们成长的。

考试之前，我们会感到紧张、焦虑，这是因为内心期待能考出一个好成绩，适度的焦虑促使我们查漏补缺，做好充分的应试准备。从这个层面来说，焦虑就像是一个安全卫士，时刻提醒我们，防御所面临的危机，并主动寻找解决办法。如果一个人生命中从来没有关心过任何事情，也没有遇到过任何威胁，那他是很难获得成长的。

正因为我们会对即将到来的考试感到焦虑，才会认真地复习备考；正因为我们知道竞争对手不可小觑，才会全力以赴去提升实力；正因为我们发现信用卡透支严重，才会意识到无节制消费的习惯需要改变。大脑以焦虑的方式，提醒我们潜在的威胁，激励我们不断成长和改变，说服我们迎接挑战，达成更高的目标。

然而，当焦虑超过了一定限度，使我们做出不恰当的反应，如：过马路时提心吊胆、四肢颤抖，眼睛左右张望，还是无法消除心底的恐惧；在家里好端端地待着，忽然担心会祸从天降；看到负面的社会新闻，开始担忧孩子在学校的安全；工作上遇到了困难，立刻就想到了灾难性的后果……这种焦虑就是不健康的，它如同脱缰的野马，会严重干扰正常的生活。

我们在第一章开篇时介绍过，如何区分焦虑情绪和焦虑症，两者最大的差别就是有没有现实依据。实际上，合理性的焦虑就是正常的焦虑情绪，而不健康的焦虑则是毫无根据地担忧，针对两者的特质，我们在此做简单的重述，以示区别：

1. 合理性焦虑：对现实的潜在威胁或挑战的情绪反应

○ 焦虑强度与现实的威胁程度相一致。

○ 焦虑情绪会伴随现实威胁的消失而消失，具有适应性意义。

○ 有利于个体调动潜能和资源应对现实挑战，逐渐达到应对挑战所需的控制感，以及解决问题的办法，直至现实的威胁得到控制或消失。

2. 不健康的焦虑：没有现实依据的惊慌和紧张

○焦虑情绪的强度，没有现实依据，或与现实处境不相符。

○焦虑是持续性的，不随客观问题的解决而消失。

○焦虑导致个体精神痛苦、自我效能下降，是非适应性的。

○伴有明显的自主神经功能紊乱及运动性不安，包括胸闷、气短、心悸等。

○预感到灾难或威胁的痛苦体验，对预感到的灾难缺乏应对能力。

02 恐惧是一种自我保护的方式

焦虑往往是和恐惧联结在一起的，恐惧是一种常见的情绪和情感，正常范围内的恐惧不会给人的生活带来什么影响，但夸张的恐惧却会危害人的身心健康，甚至让人产生自杀倾向。

契诃夫的短篇小说《一个小职员之死》，讲述的就是一个名叫切尔维亚科夫的小职员，在恐惧之下备受精神折磨，最终被自己的恐惧吓死的故事。文学作品虽有夸张的成分，但我们不得不重视过度恐惧对人身心产生的负面影响。

如此看来，恐惧是一个不太讨喜的家伙，它让人在生理和心理上都产生不适；更令人不悦的是，恐惧总是和胆小、害怕、懦弱等词相关联，让人产生怀疑自我、否定自我的想法；甚至会让我们认为，那些优秀的、成功的、强大的人，都是无所畏惧、敢想敢做。

这一刻，恳请你放下对恐惧原有的认知，重新来认识一下恐惧。

任何人都无法避开恐惧

从我们呱呱落地的那一刻起，恐惧就伴随着我们，任何人都摆脱不了恐惧。

史蒂夫·凡·兹维也顿是安全监控专家，成功化解过无数的威胁与冲突，对于恐惧心理，他是这样说的："在我22年的安全维护工作中，我从来不和那些标榜自己从不畏惧的人合作。一个人在某些情况下毫不畏惧——这有可能，但是一个人要说自己面对所有情况都毫不畏惧——这是绝对不可能的。"

前世界重量级拳击冠军乔·伯格纳曾两次与拳王阿里较量。在这两次比赛中，他都坚持到了最后。阿里曾为伯格纳指点迷津，伯格纳一直都记着这位伟大拳王的话："任何走上拳击场的人，如果丝毫不感到恐惧，那他一定很傻。道理很简单，他们对这项运动根本毫不了解。因为没有恐惧，就没有对抗力，也就没有准确的判断力、敏捷的反应和凌厉的战术来避险制胜。"

澳大利亚板球队前队长马克·泰勒也认同这种观点。他说："当你跑出去击球的时候，或多或少会感到恐惧。作为一名击球手，我总是对未知的情况充满恐惧。我觉得，优秀的球员和伟大的球员之间最大的区别在于他们处理恐惧的方式。当我感到恐惧时，我会想，场上所有球员可能都跟我一样紧张，这样一来，我就不再恐惧了。"

心理学研究发现，人类的很多情绪状态，不是全凭意志力就可以抑制的，恐惧就是其一。这样的证实能给我们带去一丝慰藉，让我们认识到有恐惧感不是因为缺乏自律，也并非软弱。我们没必要把自己的恐惧和他人的恐惧相比较，恐惧是在自己生活经历基础上产生的，其他人的恐惧是由他们的自身经历产生的；每个人的经历不同，感受到的恐惧也不一样。

✎ 恐惧让人更好地保护自己

对某些事物心存恐惧，面临危险时想逃避，并不代表我们软弱或怯懦，这也并非羞耻之事。从恐惧的功能上看，胆小、害怕不能被简单地定义为贬义词，在人类漫长的进化过程中，这些生理和心理上的反应能够延续下来，恰恰说明它们对人类的延续有积极效用。

加拿大多伦多大学心理学家曾经进行过一项实验：他们让一些大学生模仿恐惧的表情，被试者努力做到瞪眼睛、张开鼻孔、扬起眉毛。通过各种仪器的测试，心理学家发现，在发现危险和应对危险方面，恐惧的表情发挥着重要的作用。

人在睁大眼睛的时候，眼球转动的速度会加快，看东西的视野也会变得广阔，能看到更大范围内的事物，觉察到潜在的危险。当人的眼睛突出时，可以更清晰地看到事物的细节，判断某一事物的危险程度。当鼻孔张开时，会有更多的空气吸入肺部，让人体的各个器官做好应对危险的准备。

人在恐惧时，还有其他的一些生理反应。比如：血管会收缩，有更充足的血液流向心机；肌肉比平时更加紧绷，让人更有力量去对抗敌人；消化系统暂时不发挥作用，它会选择自动关闭，减少不必要的能量耗损。

人体在恐惧时产生的一系列生理变化，都是为了集中精力去应对眼前所面临的危险，无论是迅速逃跑，还是积极对抗，身体都已经做好了充分的准备。所以，恐惧并不是一个无用的心理和生理反应，它是有利于人类生存的。

适当的恐惧可以发现潜在的危险

恐惧是焦虑的根源，而焦虑又与关切和威胁有关。人之所以会产生恐惧，恰恰是因为感觉到某些事物可能会威胁到自己的生命和安全。比如说，生活中许多人在看到一条小蛇时，哪怕它无毒无害，也会立马进入预警状态，这是识别到危险的一个信号。

保持适度的恐惧，可以让我们及时发现身边潜在的危险，不因疏忽大意而受到伤害。

美国心理学家发现，许多牺牲在战场上的无经验的士兵，大都存在轻敌的问题，缺少恐惧意识和警惕性，结果没能及时地避开危险。那些有战斗经验的士兵，因为心存轻微的恐惧，故更在意周围的环境，在作战过程中也更加小心谨慎，这种对危险的警惕性，为他们在残酷战场中存活提供了帮助。

心存恐惧并不是一件坏事，正如哲学家伊拉斯谟所说："我只能把毫无畏惧当作蠢笨的标志来看待，那绝不是勇敢。"恐惧的积极意义，是提醒我们保持谨慎和警惕，以便更迅速地发现危险，恰当地应对危险。

03 利用恐惧心理可以探寻真相

马达加斯加岛流传着一个颇有深意的故事：

某部落里一位富豪被杀害了，他的家人不知道凶手是谁，但可以认定三十几个人存在杀人的嫌疑。为了弄清真相，富豪的家人请来部落里的巫师，希望用占卜的方式找出凶手。

巫师将一种植物排成一列，用火点燃。植物燃烧起来，周围的环境也随之被烟雾环绕，让人感觉一丝神秘。巫师拿过提前准备好的一只红色的公鸡，拔掉公鸡的毛并烧掉，再把鸡毛烧成的灰烬涂抹在公鸡身上。

巫师走到30多个嫌疑人面前，严肃地说道："你们之中，谁是杀人凶手，在触摸了公鸡以后，很快就会被揭晓。因为杀人者在触摸了公鸡之后，会患上严重的疾病，不久就会身亡。"巫师一边说着，一边让嫌疑人挨个触摸公鸡。

紧接着，巫师又拿来一只白色的公鸡，将公鸡的血抹在自己脸上，又在众多嫌疑人面前走了一遍。走过之后，巫师背对着这些嫌疑人，开始念咒语并作法。作法过后，巫师又开始占卜，整个过程持续了一个小时才结束。

巫师占卜完之后，并没有转过身，而是背对着那些嫌疑人说道："神已经告诉我，谁是杀人凶手了！一共有五个人，他们是第一排左数的第2个，第二排右数的第3个……"巫师的话还没有说完，就有三个人从队伍中跑了出去。巫师刚刚提到的那两个人，也对自己的杀人罪行供认不讳。

看完整个故事，无须过多解析，你也一定知道，巫师是怎么找出凶手的。可问题在于，当时那个年代，绝大多数人不知晓个中缘由。巫师把植物点燃制造出烟雾，就是在营造一种神秘的气息，让这些人相信天地有神明，而神明知道所有的秘密。至于杀人者触摸公鸡会患病死亡的说法，完全是巫师杜撰的，为的就是用这种方式让杀人者产生恐慌感。

杀人者害怕自己的行径会被发现，自然就不会用手去触碰公鸡，所以手上也不会有灰烬的痕迹。巫师通过观察这些人的手，就能断定谁是杀人凶手了。之后，巫师又杀了一只白公鸡，在嫌疑人面前巡视一圈，其目的就是让寻找真凶的过程显得更有仪式感，让几个杀人者相信巫师真的有能力找出他们。至于作法和占卜，完全就是营造恐怖的氛围，彻底让杀人者突破心理防线，让他们心理备受煎熬。

巫师之所以花费大力气营造气氛，也是为了让部落的成员相信自己有强大的法力，可以与神明沟通。如此一来，部落里的人就会对神明和巫师心生敬畏，不敢肆意妄为。

营造恐怖神秘的氛围，是对人心理承受能力的一种考验，承受不住恐惧的人自然就会有所动作，从而暴露自己。不过，这种方法用在那些心理承受能力强，或是接受过特殊训练的人身上，效果并不明显。所以，利用恐惧心理来甄别谎言、探寻真相，是一条可行的途径，但不能保证百分百成功。

04 只有心存敬畏，才能行有所止

明朝开国皇帝朱元璋曾问群臣："天下什么人最快活？"

有位名叫万刚的大臣说："畏法度者最快活。"

朱元璋对这个回答很是满意，这是对法律的敬畏。

如果一个人对任何事物都没有敬畏之心，也没有畏惧之心，就会肆意妄为，这种危险的做法既容易给自己招来灾祸，也不可避免地伤及他人。正因为此，治理国家必须要有法律，这是对人性与行为的底线约束，也是保障绝大多数人的生命权益。

死刑是对违法者最有力的惩罚，也是对普通大众的强烈警告。封建时代，死刑通常都有人在现场观看。场面越是惨烈，带给人的震撼就越强烈。当民众对此心生畏惧，不敢轻易地触犯刑法时，就在客观上维持了社会秩序，营造了相对安定的生活环境。

沙赫·巴赫拉姆一世是波斯萨珊王朝的帝王，他曾经因为一位厨师在上菜时不小心将菜汤滴在他的手上，而下令要将厨师处死。厨师恐惧至极，即将上刑场时，苦苦哀求国王，并保证今后不会再犯这样的错误。可是，沙赫·巴赫拉姆就像没有听见一样，仍然让刽子手对厨师实施了死刑。

身处文明时代的我们，重新审视这件事情，会觉得沙赫·巴赫拉姆小题大作，甚至是不可理喻。即便厨师犯了错，可为了这样一件事就将其判处死刑，还是太过残忍了。这个沙赫·巴赫拉姆，到底是怎么想的呢？他是不是一个残暴的恶魔呢？

第二章 认识焦虑与恐惧的积极意义

作为国王的沙赫·巴赫拉姆，从有利于自身的角度给出了解释："你死了，对我只有好处。如果我不杀你，大臣们就会认为，臣下犯了错误可以被饶恕，他们在做事时就会漫不经心，对国王不尊重。那么，还有谁会听从我的命令呢？"

这样的事情，放在今天断然不会发生的，因为我们拥有法律。犯了错误的人，必然会受到惩罚，要依据法律的规定为自己的行为付出代价。法律的存在，就是为了让人心存敬重与畏惧，规范和约束人的言行举止，发挥警戒与自省的作用。

20世纪70年代，美国预防青少年犯罪的组织，为了阻止一些初犯的少年在错误的道路越走越远，尝试了一个别开生面的方法。他们将这些犯有抢劫等罪行的少年犯，转送到一个州立的监狱，参加交流实验。

所谓的交流实验，就是让这些少年犯与州立监狱关押的重刑犯置于同一房间，凶悍的重刑犯人故意作出一副要动手的架势，用粗俗的话辱骂这些青少年。他们这样做的目的，是让年轻的初犯者认识真实的监狱环境，在恐惧心理的影响下改邪归正，避免将来让自己置身于眼前这般可怕的境遇中；而那些平时在街头嚣张跋扈的少年们，也真的被吓坏了。

房间里发生的一切都被摄像机记录下来，制成了电视和广播，起名为《恐吓从善》。这个实验非常成功，该节目也在全美上映,且在过去的几十年重复播放。

不难看出,节目背后的心理机制,就是调动初犯少年内心的恐惧,害怕自己成为监狱里重刑犯那样的人,置身于令人感到惶恐不安的环境,从而改变自己的行为态度。

刘慈欣在小说《三体》里写道:"失去人性,失去很多;失去兽性,失去一切。"或许,我们可以借鉴一下这句话:"失去勇气,失去很多;失去恐惧,失去一切。"

05 【实践课堂】:在心流状态中忘却焦虑

活在此时此刻,专注于眼前之事,往往能够让人忘却焦虑,从而进入心流状态。

心流状态

什么是心流状态呢?这是积极心理学奠基人米哈里契克森·米哈赖提出的一个经典心理学概念,指的是我们在做某件事情时,那种投入忘我的状态。

仔细回忆一下,你有没有体验过米哈赖描述的状态:"你感觉自己完完全全在为这件事情本身而努力,就连自身也都因此显得很遥远。时光飞逝,你觉得自己的每一个动作、想法都如行云流水一般发生、发展。你觉得自己全神贯注,所有的能力被发挥到极致。"

想要让个人的生活质量、工作效率达到最大化和最优化,少被无谓的情绪困扰,就要尽可能多地让自己全身心沉迷于所做的事情,并持续下去。

米哈赖在2004年的TED演讲《心流,幸福的秘诀》中,把人们对于"心流"的感受做了一个归纳,指出7个明显的特征。

○ 特征1:完全沉浸,全神贯注于自己正在做的事情。

○ 特征2:感到喜悦,脱离日常现实,感受到喜悦的状态。

○ 特征3:内心清晰,知道接下来该做什么,怎样把它做得更好。

○ 特征4:力所能及,自己的技术和能力跟所做的事情完全匹配。

○ 特征5:宁静安详,没有任何私心杂念,进入忘我的境地。

○ 特征6:时光飞逝,感受不到时间的存在,时间不知不觉地流逝。

○ 特征7:内在动力,沉浸在对所做之事的喜爱中,不追问结果。

不过,我们提到的"所做之事"不是随意的,比如打游戏、追剧、打牌、聊天等。这些事虽然也能让我们沉浸其中,无须调动自控力就实现了高度集中、不受外界干扰的状态,完全被吸引,从而忘却了自我,忽略了时间,还产生了愉悦感。可在做完这些事情后,我们可能会感到空虚和愧疚,觉得没有意义,从而诱发更多的焦虑。

想象一下:早晨你坐在电脑桌前,翻看手机、刷网页时,不知不觉就过去了一两个小时。这段时间,你完全沉浸在手机和网络世界里,可当你回过神来，等待你的往往是焦虑，因为一天的黄金时间就这样被浪费了，而既定的任务一点都没有做。

反之，当你认真地去思考一个工作细节，或是把所有的精力都放在一篇稿件上时，你就会进入心流状态中，感觉时间已经不存在了，周围也安静极了，眼睛紧紧地盯着屏幕，手指在键盘上舞蹈，唯一看到的就是跃然在文档上的一行行字迹。整个过程是很流畅的，不会走神、不会停顿，完全是一气呵成。等整件事情完成后，深呼一口气，内心满满的成就感。

后面的这种状态，才是我们真正需要的心流体验。

好的心流体验是有条件的：其一，所从事的活动要有挑战性；其二，所从事的活动必须设计到复杂的技能。只有这样的事情，在完成之后才能让我们感到满足和幸福。

✏️ 进入心流状态的条件

可能有人觉得，心流状态是可遇不可求的。确实，要进入心流状态，需要一定的前提条件，若刻意寻找，反而会惹得自己焦虑不安、产生挫败感。

那么，这些前提条件都有什么呢？

1. 清晰的目标

我们先得清楚自己要做什么，有一个具体而明确的目标。这样的话，才不会眉毛胡子一把抓，让思想处于游离状态。比如，你可以给自己设定，今天的任务是读完 30 页的书。有了这个目标，会更容易撇开与目标无关的信息，把注意力集中在读书这件事上。

2. 即时的反馈

在玩游戏时，人很容易进入心流状态，这是因为得到了即时反馈。每完成一局游戏，系统都会给你反馈，让你知道自己是输是赢，得到怎样的奖励，而这也是很多人选择继续玩下去的重要动力。如果把这种模式转移到学习和工作中，也能让自己更好地坚持下去，比如，读完 30 页书后，可以奖励自己一杯喜欢的咖啡。

3. 与技能相匹配的挑战

当我们的能力不足以完成一件任务时，就会感到焦虑；当我们的能力远超于任务所需时，就会感到无聊；当我们的能力与任务难度刚好匹配时，就有可能产生心流。

唯有身心都停留在当下，才会忘却焦虑。所以，工作的时候，全身心地投入吧！不要用发朋友圈的方式去粉饰浪费时间的空虚感；休息的时候，尽可能找到自己能专注沉浸的爱好，享受真正的愉悦。这样的生活既有意义，也不会被无谓的忧虑占据。

06 【自由练习】：呼吸正念冥想

正念是一种精神状态，处在这种状态中，人可以时常对自身行为保持觉察。但在现实生活中，许多人通常无法觉察到身体的一举一动，也无法理解自己为什么会做出那样的举动？正因为此，我们才有必要了解和学习正念冥想。

我们学会、理解并保持正念，可以让身心状态变得稳定。身心越稳定，人越容易保持平静，并能够更好地应对脑海中的念头、想法和情绪，全情投入并享受生活的每一个瞬间。

刚入门时，最好先熟悉掌握呼吸正念法，它能够让我们快速而有效地进入正念状态，也是其他正念方法的基础。练习呼吸正念法的具体步骤如下：

1. 先找到一个不会被打扰的地方，光线昏暗一点会更好。

2. 选择一个舒服的姿势坐下来、闭上眼睛。

3. 从鼻腔缓慢地吸气开始这个练习，确保自己在吸气时专注于气体进入鼻腔。接着，依次把注意力集中在鼻孔、胸腔扩张以及气体从口中离开身体。

4. 纯粹地关注自己的呼吸，如果实在难以做到，可以借助数数来进入状态。通常，数自己的呼吸，从1数到10，再从10数到1，然后就可以结束这次呼吸正念法的冥想练习了。

第三章

停止无效的抵抗与逃避

01 正面思考不是任何时候都有效

你有没有过这样的经历——

生活中发生了一件闹心的事,你为之忧心忡忡,焦躁不安。你很不喜欢这样的状态,也迫切地想要摆脱它。于是,你选择了向周围的朋友倾诉。朋友也是好心,安慰你说:"想开点儿,谁的生活都不是一帆风顺的。"

那一刻,你听从了朋友的劝慰,也在心里默默地告诉自己:"我是得想开点儿。"然而,这种安慰短暂得让你感到惊讶,才和朋友分别,你又陷入了忧虑中,回到之前的那个状态。你甚至会反问:"怎样才能想得开?我真能想开吗?以后的生活会好起来吗?"

在我们成长的过程中,无论是读到励志文章,还是接触到励志人物,往往都是在遇到挫折的时候,想办法正面思考,最终排除万难。这也使我们相信,遇到问题从正面思考,会让自己好过一些。不仅如此,在他人陷入低谷时,我们也习惯用正面思考的方式去安慰对方,试图把他从黑暗中拽出来。

实际效用如何呢?当我们不断告诉自己和他人:"要想开点儿""要学会乐观""要接纳残缺的真相",而自己却又没能体会到"心里真的舒服了""我真的想明白了",这很可能会比之前的状态更糟,就像是给自己挖了一个更深的坑。这个时候,焦虑感会直线上升,而我们内心的怀疑也会涌现:"我是不是太怂了""太扛不起事了""太没出息了""生活真的能好起来吗"……太多的问题,开始不断拷问内心。

这样的正面思考相当于"杀虫剂",试图杀死现实状况中的所有负面因素。扪心自问,这样可能吗?连我们自己都不太相信的事情,却还要硬着头皮去做,必然会引发生理上的痛苦。

为什么正面思考会失效?

心理学研究发现,在情绪低落时,强逼自己对自己说一些"正面"的话,感觉会更糟。当内在的自己和外在的自己距离越远,个体就会越焦虑。如果不是真的改变自己,表面上的激励和鼓舞,形式上的积极与正面,有效期是很短的。

当然,这样说并不是全盘否定正面思考的意义。当现实朝着正向发展时,我们从正面思考是没问题的。比如,眼前出现难得的机遇,而我们也准备好迎接挑战时,此时想象成功的状态,这样的正面思考是以现实为基础的,很有力量。

我们强调的是:如果自己的状态很糟糕,特别沮丧,这时候还要安慰自己说"一切都会好起来",假装自己很开心,这样的做法并不太奏效。现实中不少焦虑又沮丧的来访者,都曾这样描述他们的感受:"我知道要积极,身边的人也都告诉我要积极一点,我试着每天早上对自己说'我很棒'，刚开始觉得有点用，但很快又掉进了失落的深渊。"

一位精神科医生表示，他每天都会面对"想法负面，或一直尽力要正面思考"的来访者，这也让他理解了，"正面想法"不是万能神药，它和"负面想法"一样，在某些情况下也是有杀伤力的。压抑或忽略负面思考——不允许自己出现负面思考，不允许自己有丝毫的软弱，在世人面前刻意表现出乐观进取的样子……这种过度正面的模式，很可能让人因心理上的失衡而出现身体的疾病。

《名望、财富与野心》里有这样一段话，它解释了正面思考会失效的根源：

"正面思考并不是让你转化的技巧，它是一种选择模式，对于觉知毫无帮助，它反对觉知，因为觉知永远不会做选择，它纯粹只是压抑你性格上负面的部分，把负面压进无意识里，把有意识的头脑与正面思考挂钩，但无意识比有意识的头脑力量更大，它也许不会以旧模样出现，而是以全新面貌显现。"

当我们越努力选择"正面思考"，负面的力量越会反扑，一旦遇到让自己不舒服的人事物，就会心生反感、厌恶、嫌弃、躲离，于是负面的情绪就升起了……周而复始，这就是造成痛苦与挫败的原因。如果没办法感受到正面意义时，就不要勉强自己正面思考。

当我们意识到失望、沮丧、焦虑都是正常的情绪反应，与成功、喜悦、美好共同存在的，我们反而更容易走出焦虑和无助。日本精神科医生最上悠在他的畅销书《负面思考的力量》里如是写道："加些负面观点，反而更能正确地看到现实。"

情绪援救

焦虑与不安，乃至忧郁，都是从负面的角度看待事物，但那也是解决问题的重要过程。很多时候，我们只有从负面角度深入了解和分析事情的本质，最终才能产生真正的正面思考。

02 抗拒焦虑的做法是在为焦虑赋能

这是一个真实案例：一个十几岁的女孩，某天早晨在疼痛中醒来，她的四肢和关节都在痛。女孩以为自己得了流感，就蒙上被子继续待在床上。可是，疼痛并没有远离她，持续几天都未消退，女孩开始为这样的状况感到担忧和焦虑。

女孩是学校垒球队的主力，垒球比赛已经进入倒计时，但她没有心思为比赛做准备。她躺在床上，能够感觉到那种疼痛在四肢间涌动。为此，她不得不向医生求助。出门时，穿上牛仔裤的她，感觉裤子好像有些缩水。在医院经过一系列检查后，医生告诉她，身体没有大碍，她的情况属于正常的成长痛。除了忍过这个阶段，没有其他的办法。

那年夏天，女孩除了晚上睡觉，基本上都没有赖过床。虽然身体的不适感一直存在，可她依旧打垒球、参加夏令营，以及进行其他一切夏日里的正常活动。秋季开学后，女孩带着一箱新衣服回到学校，之前的旧衣服已经不适合她了，因为她长了整整 10 厘米。

心理专家在分析这个案例时提到，女孩对疼痛的态度发生在她得知疼痛的原因不是病，而是生长痛之后。最初，对于莫名的疼痛，女孩的本能反应是赖在床上，避免任何活动；当她得知这种疼痛是长高的预兆，是必须要经历的过程之后，她对疼痛的焦虑和抗拒消散了。

借由这个案例，可以延伸到应对焦虑情绪的问题。

越抗拒，越强烈

焦虑作为一种负面情绪，无疑会让我们感到痛苦，当我们抗拒它、厌恶它、抑制它的时候，它并不会消失，反而会被赋予更强大的力量。如果我们能够像案例中的女孩那样，把它视为某种可以容忍的东西，去感受和体验它，而不是试图分散注意力或把它们藏起来时，无论是焦虑还是其他的一些感觉和情绪，都会经历起始、发展和终结的过程。

自然界的天气是我们无法控制的，但我们极少会因为它感到痛苦，因为无论是狂风骤雨，还是雨雪风霜，都不是一个固定的状态，我们知道它终将会发生变化，生活的阅历也多次证实了这一点。所以，我们接受了坏天气存在的必然性，也跨越了坏天气所设置的阻碍。如果我们对自身的感受和情绪，也抱有同样的信念，坚信它们终将自生自灭，坚信我们不必刻意去扭转它、消灭它，问题就会变得简单许多。

抗拒焦虑 = 为焦虑赋能

很多时候，我们总是试图做点儿什么来消除焦虑，认为只要自己做些改变，就不用再面临这种情绪了。可惜，这种做法是徒劳的，因为你和焦虑是一体的。如果消除焦虑，就意味着你要将自我意识的一部分剥离并丢弃。你希望它远离你，因为它烦躁、懊恼、沮丧，你的这些感受只会让焦虑看起来更加强大，你是在为焦虑喂养情绪能量。

克里斯托弗·肯·吉莫在《不与自己对抗，你就会更强大》一书中讲道："每个人都会遭到两支箭的攻击：第一支箭是外界射向你的，它就是我们经常遇到的困难和挫折本身；第二支箭是自己射向自己的，它就是因困难和挫折而产生的负面情绪。第一支箭对我们的伤害并不大，仅仅是外伤而已；第二支箭则会深入内心，给我们造成内伤，我们越是挣扎，越是想摆脱它的困扰，这支箭就会在我们的心中陷得越深。"

负面情绪是生命的一部分，真的没有必要厌恶和抗拒。情绪从来没有好坏之分，让你痛苦的不是焦虑本身，而是你对它的抵抗。当焦虑来袭时，不妨放下评判和指责，认真地去看看，焦虑到底想要带给你什么讯息？

过去，陈菲在面对一项棘手的工作时，总是备受煎熬，一方面惦记着这件事，一方面却拖着不肯动。现在，面对这样的情形，她会对自己说："我现在有些焦虑，害怕自己没办法把这件事做好，心口一阵阵地缩紧……不过，对于任何人来说，接受挑战都不是一件容易的事，我有这样的反应也很正常，我得允许自己有一个适应的过程……"这样想问题，陈菲就感觉舒服很多，内心也会慢慢平静下来，思考该从哪里着手解决问题。

停止对焦虑的抵抗吧！当焦虑来临时，为它留出一点空间，让它暂时待在那里，直到你想清楚它出现的原因，以及你要如何解决。

03 不加评判地接受焦虑和恐惧

米琪参加了中国心理科学传播讲师的集训和考试。其实，参加这个考试的初衷之一，她就是想挑战自己，训练自己当众演讲的能力。在演讲考试环节，学员是按照抽签来确定题目的，而米琪抽到的刚好是情绪调节。

对这个题目，米琪思考了大半个晚上，最后决定，还是从对情绪的认知入手，以自己的经历为切入点：多年前的米琪，太渴望成为生活在阳光下的向日葵，每天都能仰头微笑，充满正能量，扛住生活里的种种刁难。在这种渴望的背后，也藏着一个错误的认知,那就是对消极情绪的厌恶、恐惧和抵触。米琪在内心深处觉得,表现出"丧"是一种羞耻和罪恶。

米琪说:"我害怕别人看到自己的消极情绪,总想在人前呈现出一副积极、乐观、上进的形象,以至于在一些问题上,有了不悦的情绪也不表现出来,感到紧张和焦虑就自己忍着,难过了也强颜欢笑,伪装得很强悍,内心可能早已破碎不堪。"

当她系统学了心理学,又开始进行个人体验后,这种状况才慢慢得以改善。米琪对情绪的认知,也变得客观理性了。

任何一种情绪都有积极意义

情绪是信息内外协调、适应环境的产物,本身没有好坏之分,只是人们为了区分情绪的类别,将其进行了带有评价性的命名,如"积极情绪"和"消极情绪"。任何一种情绪都有其明确而积极的意义,那些让人感到不舒服的情绪,只是协调后决定远离刺激物的一种倾向。

当一个人认清了情绪的本质,就不会再想着去消灭或压抑那些负面情绪。因为明白了调节情绪的前提是认识和接纳每一种情绪,认识到人生中的每一件事都是在给自己提供学习如何让人生变得更好的机会。

痛苦能让我们回到此时此地的现实之中;内疚能让我们重新检查自己的行为目的;悲哀会让我们重新评价目前的问题所在;焦虑能引起我们的注意,多为未来做准备;恐惧则能让我们保持高度清醒,应付险情。这些痛感，从某种意义上来说，也是一种动力。

  在过往的经历中，米琪少有当众演讲的体验，因此在考试当天，她的内心依旧是焦虑的，以致手指尖都是凉的。较过去不同的是，米琪接纳了自己的这种紧张和恐惧，甚至敢把它告诉小组中的伙伴："我没有演讲过，特别紧张，手指尖都凉了。"

  组里的一位姐姐是专业培训师，授课演讲经验很丰富，且台风极具感染力。她友好地握着米琪的手，给她带去了温暖和安慰，她说："没关系，这很正常。你现在可以在我面前，尝试着讲一遍。"

  带着这份信任与鼓励，米琪开始在她面前试讲。神奇地是，过程并没有她想象得那么曲折，而她的表现也没有预想得那么糟糕，焦虑的情绪也未把她变得结结巴巴。相反，讲到后面的时候，她竟感到了从未有过的放松。试讲结束后，培训师姐姐帮她重新设计了一下开场白，让整个演讲的开头变得更具吸引力。

  就是这样一个过程，让米琪之前的恐惧和焦虑降低了一大半。她尝试和自己对话："紧张是正常的，初次登台即便讲不好也是正常的。参加这个集训的目的，就是挑战自己，锻炼自己的能力。从这个层面来说，我已经做到了，因为我突破了恐惧。"

情绪援救

演讲考试结束，米琪得了 98 分，这个成绩是她当初万万没有想到的。整个过程下来，她最大的收获，不仅仅是通过心理科学传播讲师的考核，而是她做到了"知行合一"，在给大家讲述情绪调节话题时，她已经真正地实践了它，成为受益者。

不加评判地接受焦虑与恐惧

未来的日子，我们都可能在踏入未知领域的那一刻，心生焦虑与恐惧，但我们可以尝试不加评判地接受它，并轻声细语地对它说一句："没关系，我接受你，我也知道此刻的自己，出现这样的情况是正常的……"你也可以把这种焦虑落落大方地表达出来，有恐惧和担忧并不意味着"失败"，也不代表你"不好"；恰恰相反，这正说明了你很勇敢。

04 设想最坏的结果，预测心理防线

多年前，美国一位名叫欧嘉的女士患了癌症，医生宣称她会经历一段漫长而痛苦的过程，最终离开人世。为了确定诊断无误，她还特意找到国内最有名的医生询问，结果得到的答案是一样的。死亡即将降临，欧嘉的内心绝望极了，她

还那么年轻，她不想死。

绝望之余，她打电话给自己的主治医生，宣泄出所有的痛苦和恐惧。医生打断了她的话："怎么了，欧嘉？难道你一点儿斗志都没有了么？你要是一直这样哭下去，必死无疑。你确实遇上了最坏的情况，但我希望你面对现实，不要忧虑，然后尽可能地想办法。"

挂断电话后，欧嘉的情绪稳定了很多。她攥紧了拳头，指甲深深地掐进了肉里，背上一阵阵地发冷，在内心发誓："我不会再忧虑，不会再哭泣！如果还有什么要想的，那就是我一定要赢！我一定要活下去！"

欧嘉连续49天每天照14.5分钟的X光！她瘦得皮包骨，两条腿重如铅块，但她一点儿都不忧虑，也没有哭过。她总是带着微笑去面对这一切，尽管有时这些微笑是勉强挤出来的。

欧嘉这么做，当然不只相信微笑就能治好癌症，但她相信，乐观的精神状态绝对有助于身体抵抗疾病。结果，她的身体状况越来越平稳。想到这些，她总说："多亏了我的医生告诉我，不要忧虑，才让我一步步走到现在。"

世上最摧残人活力、消磨人意志、降低人能力的东西，莫过于忧虑。一个遇事总忧虑的人是很难克服恐惧的，更无法战胜身体上的疾病和生活中的困境。原因很简单，人在心情不稳定的情况下，做什么事效率都不会太高。

情绪援救

道理易懂，可多数人在遇到问题的时候，仍然会不知不觉地心生忧虑和恐惧。当这些负面情绪出现时，该怎么做才能让自己尽可能地保持平静呢？

已故的美国小说家塔金顿曾说，他可以忍受一切变故，除了失明，他绝不能忍受失明。结果，怕什么，偏偏来什么。令塔金顿最为担心的事，终究还是发生了。在他六十岁那年的某天，他看着地毯时，突然发现地毯渐渐模糊，他看不出图案了。经过检查，医生告诉他一个残酷的真相：他有一只眼差不多已经失明，另一只眼也接近失明。

面对这样的灾难，很多人猜想，他肯定会沮丧至极。出人意料的是，他还挺乐观，甚至可以用愉快来形容。当那些浮游的大斑点阻挡了他的视野时，他幽默地说："嗨，又是这个大家伙，不知道他今早要到哪儿去！"等到眼睛完全失明后，塔金顿说："我现在已经接受了这个事实，也可以面对任何状况。"

为了恢复视力，塔金顿一年要接受十二次以上的手术，而且是采用局部麻醉。有人怀疑，他会不会抗拒？没有。他知道这是必须的，无法逃避的，唯一能做的就是优雅地接受。他放弃了高档的私人病房，而是住在大病房里，想办法让大家开心点。每次要做手术的时候，他都提醒自己："我已经很幸运了，现在的科学这么发达，连眼睛这么精细的器官都可以做手术了！"

想象一下，要接受十二次以上的手术，还要忍受失明的痛苦，不知多少人在听闻此事后会崩溃。不过，塔金顿学会了接受，还坦言自己不愿意用快乐的经验来替换这次体会。

应用心理学之父威廉·詹姆斯说："能接受既成事实，是克服随之而来的任何不幸的第一步。"林语堂在《生活的艺术》里也说过同样的话："心理上的平静能顶住最坏的境遇，能让你焕发新的活力。"

生活中出现问题的时候，不要惊慌失措，仔细回顾并分析整个过程，确定如果失败的话，最坏的结果是什么？面对可能发生的最坏情况，预测自己的心理防线，让自己能够接受这个最坏的情况。有了能够接受最坏情况的思想准备后，往往就能回归平静的心态，把更好的时间和精力用来改善最坏的情况。当我们能接受最坏的结果时，就不会再害怕失去什么了。

05 练习在焦虑中作出准确的行动

身为部门主管的 Sherry，最近碰到了一个棘手的问题：部门里的员工林芬，由于粗心大意，把一位客户的资料泄露了，导致客户大发雷霆，直接解除了合作。按照公司的规定，

Sherry 必须要对这位下属进行处罚，过往情形，通常都是开除处理。

林芬能来公司上班，就是 Sherry 引荐的，Sherry 不想与之发生正面冲突。况且，她和林芬的丈夫是多年的朋友，如果就这样开除了林芬，也担心会伤了彼此间的情谊。更让 Sherry 纠结是，林芬家里的情况不太好，孩子患有慢性病，需要长期服药和治疗，一旦林芬失去了工作，肯定会影响生活质量。

怎么办呢？Sherry 一连两天都没有睡好觉，一想到这件事，脑子里就冒出乱七八糟的念头：要是开除了林芬，部门同事肯定会说我没有同情心，会影响对我的信任！我还会失去一个朋友，甚至伤害到一个生病的孩子！要是不开除林芬，领导会不会认为我徇私？领导还会继续委任我来带领团队吗？

Sherry 已经完全被焦虑绑架了，焦虑的念头提示她会有某些情况发生，且这些情况亟待解决。但是，她高估了这些感知到的威胁，在这样的状态之下，她很难进行有序的思考。

我们可以想象一下：如果 Sherry 真的做了自己职责范围之内的决定，一定会失去所有人的信任吗？一定会被指责无情无义吗？如果她的做法真的让朋友（林芬的丈夫）感到不解和生气，难道她没办法通过沟通消除对方的误解和怒气吗？

答案是——未必。所以说，问题并不是无法解决，情况也未必有想象的那么糟糕。重要的是，焦虑引发的那些念头，让 Sherry 烦躁不安，不知道该采取怎样的应对策略。

那么，在这样的时刻，我们该如何帮助自己在纷乱之中做出准确的行动呢？

1. 认清现实的问题

Sherry 遇到的问题是：下属林芬因疏忽让公司损失了重要的客户。

2. 列出多种可行方案

这个过程是打开思路去想办法，而不是要确定最佳方案。

假设我是 Sherry，我可能会列出以下几种方案：

○方案 1：开除林芬

○方案 2：让林芬进入试用期，降低工资

○方案 3：和林芬的丈夫谈一谈这件事

○方案 4：什么都不做。

3. 评估各个可行方案

○评估方案 1

开除林芬，肯定能够避免日后的工作失误，但这种做法让 Sherry 感到很不舒服，她可能会失去一段友情，并让一个家庭暂时陷入经济上的困境。

○评估方案 2

跟林芬的丈夫谈一谈这件事，似乎对解决问题没有任何帮助，意义不大。

○ 评估方案 3

让林芬进入试用期，讲清楚再出错要承担怎样的后果。如果日后林芬再疏忽犯错，开除也在情理之中，且有理有据，她本人也是认同的。在试用期间，还可以为林芬安排相应的培训，提升工作技能。

○ 评估方案 4

什么都不做是最省事的方案，但如果选择不干预，林芬可能无法意识到问题的严重性，将来还可能会犯类似的错误，给 Sherry 的工作带来更大的麻烦。

4. 选择并执行可行方案

参照上述评估，显然方案 3 是比较可行的。接下来，Sherry 就要执行这一方案了。不过，走到这一步，并不意味着 Sherry 的焦虑感会完全消除，她一直希望能够想到一个万全之策，既不会影响和林芬一家的关系，也不让公司蒙受损失。请注意，这种焦虑是由完美主义引发的！解决问题，从来都没有最优解，如果存在最优解，问题就不存在了。

假设这一方案没能够帮助 Sherry 解决问题，那么她就要回到前面的两个步骤，重新思考并选择新的方案；如果当下的方案是可行的，专注执行就好了。

以上，就是练习如何在焦虑状态中做出准确行动的方法，需要时不妨一试。

06 试着对焦虑的想法说声"谢谢"

确定了行动方案，不代表焦虑的念头不会再冒出来。多数情况下，那些乱七八糟的念头还是会继续存在你脑子里。此时，屏蔽是不可取的，因为越抗拒越痛苦。

允许焦虑的想法存在

对焦虑而言，你越是反抗、逃避，不想去面对它，就越能充分说明它的威胁的确存在，从而让焦虑感变得更强烈。此时，你需要做的是：给焦虑充分表达的机会，不要简单粗暴地让它闭嘴，即便有负面想法冒出来，也不要去评判它或遵循它。最好，你能够简单地对它说一声"谢谢"，承认它的存在，然后继续做你该做的事情。

焦虑让我们感到不舒服，但它的存在是为了带给我们警醒和保护。所以，我们不能忽视它，更不能粗暴地对待它。

对焦虑的提醒说声"谢谢"

以 Sherry 为例，她在处理下属林芬因失误导致客户流失的问题时，焦虑感想要提示她的可能是这些内容——

"也许林芬真的是无心之责，开除的处罚对她不公平。"

"部门里的人都知道林芬家里的情况，把她开除了，其他人会认为我无情无义。"

"让林芬来的人是我，开除她的人还是我，这让我怎么在朋友面前做人？"

请记住：无论是上述哪一个声音，它们都只是一个"想法"，是焦虑在提示你可能要面临的威胁。所以，当这些想法冒出来时，你要对它说一声"谢谢"。如此，你就成了一个旁观者而非参与者，你和想法之间的距离就会拉开。在观察、正视、放下想法的过程中，你对焦虑情绪的免疫力会慢慢提升。

偶尔，我们可能还是会重新陷入担心的循环中，当那种不安的感觉涌上来时，觉得对它说一声"谢谢"显得特别愚蠢。没关系，这很正常，既然无法不担心，那就干脆主动选择一段时间让自己去体验这种情绪。

你可以定一个闹铃，设置10~20分钟的时间，尽情地担心，不要压抑任何想法，也不要与任何念头争论，让所思所感自然流淌。期间，你可能会想到解决某些烦恼，别顺着这个思路走，你不用解决问题，只要去感受它就好了。

试图控制焦虑的行为，恰恰是维系焦虑的根源。当你不再试图控制焦虑，断了情绪能量的供给时，焦虑循环就会被打破。你对焦虑警报的反应越弱，焦虑和恐惧的感受就会越少。

07 不再自我欺骗，直面过往的创伤

心理创伤治疗大师巴塞尔·范德考克在其著作《身体从未忘记》中，讲述过一个名叫汤姆的退役军人的经历，令人感慨不已。

汤姆在美国海军服役时曾上过战场，并在枪林弹雨中幸存了下来。复员后，他像正常青年一样结婚生子，事业有成，生活看起来还不错。但是，每到美国国庆日那天，夏季的燥热、节日的烟火、后院浓密的绿荫，都会让他想到当年的战场，并彻底崩溃。仅仅是烟花爆炸的声音，都会让他陷入瘫软、恐惧和暴怒之中。他不敢让年幼的孩子待在自己身边，因为孩子的吵闹声会让他情绪失控，为此他总是独自冲出家门，以免伤害到孩子。唯一的释放方式，就是把自己灌醉。

就算不是国庆日，汤姆也无法安然入睡。梦，经常会把他拉回到危机四伏的境地，他被可怕的梦魇折磨得不敢入睡，经常整夜地喝酒。战争已经结束多年了，为什么汤姆内心的战争一直没有停息？

汤姆的经历，就是心理学上所说的"创伤后应激障碍"。人在目睹或经历重大事故（如死亡威胁）后，内心会产生极大的焦虑情绪，甚至是精神障碍。

在外部事件的刺激下，会出现情绪激动、紧张恐惧、夜不能寐、持续做噩梦等情况。当患者在生活中碰到类似的场景或回忆相关信息时，会从紧张盗汗、心跳加速发展为浑身哆嗦、坐立不安、身体表现出逃离的状态。

在两次世界大战中遭受创伤的民众和受伤的士兵；地震、海啸中的难民；经历过恐怖袭击事件的民众，都表现出了创伤后应激障碍的症状。这一心理问题对人的身心影响是破坏性的，它让人无法安心存活于当下，总是一遍遍重历最害怕、最折磨自己的那段历程，出现情绪沮丧、过分敏感、注意力下降等状况，难以回归到正常的生活轨道上。

✎ 创伤的确可怕，更可怕的是困在其中

创伤后应激障碍在现实中发生的概率很高，只是程度不一。有时，一些普通的创伤经历，也会让人陷入负面情绪中难以自拔。许多心理学家通过研究得出一个结论：这些伤痛的症状不一定取决于事件的恶劣程度，而是取决于人的内心。

> 人的一生总会经历伤痛，或大或小，或多或少，但有些人却没有出现那些糟糕的症状。
>
> 哥伦比亚的一家工厂发生爆炸后，那些积极乐观的人恢复得很好，而那些做事浮躁、优柔寡断的人大都陷入了悲伤

和惶恐中。在澳大利亚的一场森林火灾中，有469名消防员被困。事后，在进行心理测试时，得分较高的人都比较平静；那些原本性格暴躁、容易焦虑的人大都出现了创伤后应激障碍的症状。

创伤固然可怕，但更可怕的是往后余生都困在创伤之中。

直面最初的创伤，建立有效的归因方式

从心理学角度来说，大部分临床工作者都认为，创伤后应激障碍的患者应当直面最初的创伤，处理紧张情绪，建立有效的归因方式来克服这种障碍产生的损害。

世界知名心理创伤治疗大师巴塞尔·范德考克说："我们痛苦的最大来源是自我欺骗，我们需要诚实地面对自己的各种经历。如果人们不知道自己所知道的，感受不到自己所感受到的，就永远不能痊愈。"

从治疗效果上看，创伤后应激的预防比事后干预更好一些，因为患者一旦选择性遗忘一些经历，事后的干预治疗会变得更加困难。相关统计显示，在经历了严重车祸并明显患有创伤后应激障碍风险的病人，在接受了12次认知治疗后，只有11%的人患上了此症；而那些只收到自助手册的人，发病率却高达61%。

活在世间，每个人都会遭受难以忍受的苦难，且多数时候不是我们能够控制的。可正如维克多·弗兰克尔在《活出生命的意义》中所说："在任何特定的环境中，人们还有一种最后的自由，就是选择自己

的态度。"

疗愈创伤的过程，就是释放当初积聚在体内的能量，允许自己去完成当初未能表达的感受。当这些能量被顺利地释放出来，我们将如获新生，更有精力投入生活。

08 【实践课堂】：与焦虑进行理性的对话

当你被焦虑裹挟时，情绪波动会比较大，这种状态会严重妨碍你的思考。在此期间，不要去讨论问题，冲动草率地做决策，你需要花费几十分钟的时间，让自己从情绪剧烈波动中恢复过来，回归到冷静期，再去处理问题。

当你感到焦虑时，你可以提醒自己："我现在有了焦虑的反应，这是生理机制导致的，不是我不好，这只是我的一部分。我可以控制它，但不会矫枉过正。"

把你的担忧和顾虑，说给你信任的人，了解一下别人的感觉。这样，有助于调整你对危险的认知，意识到问题没有你想得那么糟糕。

当你意识到自己开始担忧、痛苦、胡思乱想时，你需要做点儿事情，转移自己的注意力，比如整理房间、衣橱、文件等。

如果担忧的想法一直萦绕在你的脑海，困扰你的思绪，你可以告诉自己："这不是真的，是我的身体在戏弄大脑，我的生理机制和别人

第三章 停止无效的抵抗与逃避

不太一样,事实上并没有危险。"

广泛性焦虑者的思维与内心的一个信念有关,即生活充满了危险,我必须时刻警惕,让它不那么可怕。事实上,更为贴近现实的假设,应当是"有时生活的确存在危险,我应该警惕并做好准备,但不必过分担忧"。然后,试着把注意力放在那些美好的事物上,如绘画、音乐、综艺节目、和朋友聊天等。

在转移注意力的过程中,涉及理性的自我对话,这是用来帮助焦虑者反思现实的一种方法,让焦虑者以更加现实的眼光去看待事件,质疑那些不合适的解释,尤其是对风险过分夸大的解释,正是它们导致了焦虑的情绪。

当焦虑袭来时,你要试着正确看待它,并与之进行对话。至于该说些什么,这里提供了一些即刻可用的范本,请根据需要自行取用。

1. 感到焦虑时,把它当成生活中的插曲,而不是生活常态。

——"我不能完全摆脱焦虑,但绝大部分时间里,我是可以控制焦虑的。"

——"我有这样的感觉是正常的,不是什么错。"

——"我只是不知道该怎么处理,过一段时间我就能找到解决办法。"

——"我不用恐慌,因为最坏的事情极少发生。"

2. 焦虑来袭时,你讨厌那种不舒服的感觉,但还是要给它留一点空间。

——"你来了,你想告诉我什么呢?"

——"我给你留出了空间，你待在那里就好，我还要继续处理其他的事情。"

——"我确实有些焦虑，顺其自然吧。"

3. 当焦虑的感觉让你不舒服时，不要过分地夸大它，澄清想法与事实。

——"我不会一出现焦虑信号就不安，我可以忍得住。"

——"我的身体正在戏弄我的大脑，让我感到害怕，以为坏事要发生，但这不是真的。"

——"我的焦虑正在剥夺我的思考力。"

——"我感觉不舒服，或许我可以去整理一下房间。"

09 【自由练习】：安抚内在小孩

当我们感到焦虑的时候，不需要用评判的眼光去看待自己，而是要意识到自己正处于小孩模式。同时，我们也要认识到，除非作为成年人的我们好好去照顾他，否则这个内在的小孩是很难有安全感的。那么，怎样安抚和照顾内在的小孩呢？

步骤1：找到一张自己孩童时期的照片，或是想象自己孩童时的样子。看看小时候的自己是什么样的？是天真无邪，顽皮可爱，还是弱小孤单？

步骤2：想象你的内在小孩，此刻就站在你面前。你观察一下，他是被照顾得很好，还是蓬头垢面？他看起来快乐吗？他对你是什么态度？然后，你可以告诉这个小孩："我回来找你了，很抱歉我把你丢在了这里。从现在开始，我会好好照顾你，让你感到安全。"

步骤3：释放你所有的感受和情绪。如果你觉得委屈和悲伤，那就哭出来；如果你感到愤怒，也可以说出来。把困在那里所有的伤害、悲伤和压抑的情绪，统统释放出来。

步骤4：用你不常用来写字的那只手，让内在小孩给现在的你写一封信，让他说说他现在的感受。

在做这个练习时，你可能会涌起多种情绪，比如：看见他的时候，你可能会哭一场；看到他被留在那里无依无靠，你也许会感到伤心，甚至是内疚；你还可能对这个小孩感到陌生，就像从来没有见过他一样。反之，内在小孩对你的感觉，可能有些埋怨，感觉被你抛弃了，并且他把这种感受说了出来。

请记住：无论是哪一种可能，都是正常的，它如实地反映了你和内在小孩的关系。你们需要花一些时间了解对方，了解内在小孩以及内在父母（这是一个新的角色，担负着照顾和安抚内在小孩的职责）。当你不再期望别人来做你的"父母"，你担负起了照顾自己的责任，并且对自己不想接受的东西设定界限，敢为自己站出来时，你会感到安全、自信和独立。

第四章

痛苦的根源是不合理信念

第四章 痛苦的根源是不合理信念

01 令人产生痛苦的不合理信念

家庭治疗创始人维琴尼亚·萨提亚提出的"萨提亚模式"中有一个信念：问题本身不是问题，如何应对才是问题。人的情绪与思维模式、信念有关。同一件事，不同的人有不同的看法，产生不同的情绪反应。一旦有了不合理的信念，就会滋生负向情绪。所以，想要调节情绪，就要修正负向情绪背后隐藏的不合理信念。

三种不合理信念

所谓不合理信念，就是以扭曲、消极的方式进行思考。20世纪70年代，美国心理学艾利斯开始研究人们的不合理信念，并把不合理信念归纳为以下三类：

1. 绝对化要求

绝对化要求，是指个人以自我为中心，眼里只能看到自己的目的和欲望，对事物发生或不发生怀有确定的信念，而忽略了现实性。

生活中许多人都存在这样的想法："我对你好，你就应该对我好！你得按照我的想法和喜好行事，否则我就会不高兴，也难以接受和适应。"实际上，这就是绝对化要求，有理想化甚至一厢情愿的意味。陷入这样的执念中，很容易滋生负面情绪。

要知道，每一个客观事物都有其自身的发展规律，不可能以个人的意志为转移。周围的人或事物的发展，也不可能依照我们的喜好和意愿来变化。

2. 过分化概括

过分化概括，是指以某一件或某几件事情来评价自身或他人的整体价值，是一种以偏概全的不合理思维方式。

有些人遭遇了一次失败，就认为自己"一无是处""什么也做不好"，这种片面的自我否定通常会导致自责自罪、自卑自弃的心理，同时引发抑郁、焦虑等情绪。一旦把这种评价转向他人，就会一味地指责别人。

很显然，这些想法太过极端，没有以辩证的眼光去看待人和事。一个事物的价值需要从整体去评判，不能只从某一个或几个维度就下论断。

3. 糟糕至极

糟糕至极，是指把事物的可能后果推论到十分可怕、糟糕的境地，认为某件不好的事情一定会发生，并导致灾难性的后果，从而产生担忧、恐惧、自责和羞愧的心理。

有些人在体检中发现自己的血脂有点高，就变得心神不宁，上网搜索高血脂会引发的问题，想到自己得了这些病会如何？将来该怎么办？爱人会不会嫌弃自己？自己的病会不会拖累孩子？结果，越想越害怕，焦虑得自己都要窒息了。

这种想法是非理性的，若一定要坚持这种"灾难化"的想法，就会陷入不良情绪中，甚至一蹶不振。

我们要尝试去看到事物的其他可能性，最坏的结果有可能发生，但最好的结果和其他的结果同样也可能发生，最坏的结果只占很小的概率罢了。同时，我们也不能低估自己的应对能力，很多时候我们的身体和生命的韧性，远比想象中要强大。

生活本身不会产生焦虑，焦虑是我们内在的某种观念或思维所致。概括来说，我们的焦虑不仅仅受到负面事件本身的影响，更大程度取决于我们如何去思考它、解读它。如果我们能够将理性思维运用于情绪控制中，会对缓释焦虑有很大帮助。

02 你有"必须强迫症"吗？

林小姐步入职场十余年，几乎每天都活在焦虑中。

她说："我真的不知道该怎么调节这种焦虑感，特别是节假日的时候。虽然是假期，可我不能允许自己浪费时间，每天都要追问自己，今天的安排是否充实？总觉得必须要有事情做，哪怕是钓鱼、爬山、购物，就是不能让时间白白溜走，必须要充实才觉得没有浪费假期。可说实话，这样的安排也没有让我多高兴，只是图一个心安。"

针对自己的问题，林小姐也做过一些努力："当我发现自己内心不安时，我会告诉自己，别那么苛刻，要懂得享受生活，偷懒一下没什么关系。但这种自我安慰的效果只是一时的，很快我又会为无所事事感到焦虑。这种矛盾让我很痛苦，左右为难，纠结得很。"

林小姐的焦虑，来自她为生活设定了太多的"必须"，总觉得必须要充分利用每一分钟才有意义，否则就是浪费生命。现实生活中，像林小姐这样的人并不少见，大量的事实证明，"必须强迫症"是诱发焦虑的一个重要因素。

"必须强迫症"是一种不合理信念

所谓"必须强迫症"，其实是一种不合理信念，即源于一种绝对必须的要求或命令：无条件应该、必须。这种"必须"的信念，可以针对自己、他人或是外部环境。

案例1：

电视剧《女心理师》里有一个案例：女孩蒋静和妈妈相依为命，母亲将所有的期待都寄托在她身上，并让她按照自己的要求长大——练习钢琴，争取诸多大奖，不惜让手指出茧甚至流血；要穿白色连衣裙，保持端庄淑女的姿态……大到人生抉择，小到穿衣装扮，蒋静没有任何选择权和决策权，有的只是无条件执行。

在这样的成长环境下，蒋静患上了严重的心理疾病，她在感到焦虑和愤怒的时候，会选择暴饮暴食。暴食之后，又会憎恨毫无控制力的自己，从而以呕吐的方式来缓解这种不适，找回心理平衡。然而，蒋静的妈妈长期以来并没有意识到自己的所作所为对女儿的伤害，她遭到了丈夫的抛弃后，就希望让女儿完全按照自己的方式来过，以免遭遇跟自己一样的命运。一旦女儿不遵守她的要求，她就会愤怒，甚至对女儿动手，而后又感到懊悔……

案例2：

欧阳沐在一家知名的大企业就职，每天早晨起来，尽管头脑还因为前一天的加班而发晕，可她临出门前，还是会对着镜子勉强地挤出一个微笑。

她暗示自己说："我必须要精神饱满，我必须要展示出自信和坚强。"遇到了挫折和失败，欧阳沐也会装作满不在乎，她始终把自己最干练、最坚强的一面展示出来，她总在暗示自己："我不能哭，不能流露出脆弱，我必须要坚强，要勇敢……"

当听别人说"你真是个坚强的女人""我真的很佩服你，我就做不到"时，欧阳沐会感觉内心有一种优越感、成就感。可离开人群、躲在家里的她，大口大口地吃着零食，用进食来逃避焦虑和压抑。当然，第二天她还会一如既往地出现在人前，当作什么事也没发生。在她潜意识里，始终认为低落是不对的，疲倦是不好的，脆弱是会被人嘲笑的。

案例 3：

方远总是频繁地换工作，前后已经换了五六家了。问及原因，方远认为问题都在公司，比如："我应聘的是助理的职位，凭什么让我协助销售做报表？""我的理想工资是税后月薪 8000 元以上，选择我的单位必须要满足我的要求。""我不喜欢跟人打交道，就算是出于全盘考虑，公司也不能有违我的个人意愿！"

市场变幻莫测，没有哪个公司的安排是一成不变的，遇到紧急项目，各部门协作完成也在情理之中，如果总是抱着"公司的条件或安排必须满足个人意愿"的信念，就会降低对不确定性的忍耐力，并会因为变化而陷入焦虑或怨怼中。

毫无疑问，在现实生活中，"绝对""必须"这样的信念几乎是行不通的。这种信念会让人感到焦虑，因为它是一种硬性要求，缺乏弹性，只允许事物存在一种可能性。

✎ ABCDE 模式：与不合理信念辩论

如果你发觉自己有了这种"必须"信念，就要尝试与这些信念进行辩论。具体方法，可借鉴艾利斯提出的 ABCDE 模式，帮助自己从改变信念入手，去改变行为。

A：诱发事件　B：信念　C：结果　D：驳斥　E：交换

○步骤1：梳理诱发事件（A），即任何引起紧张的情形。

——老板对我的工作方案提出了意见。

○步骤2：整理出由该事件带来的信念（B），即如何评价诱发事件。

——我的脑子里冒出一个想法，我的能力有限，老板不会再信任我。

○步骤3：评估结果（C），即消极信念导致的消极行为，会带来什么样的结果。

——我觉得自己不够好，能力不足，选择主动让贤，让老板把任务交给其他同事。

○步骤4：驳斥（D），积极驳斥那些非理性信念。

——老板的态度很诚恳，也认可了我的一些想法，他可能觉得不符合客户需求，让我补充一些内容，而不是在质疑我的能力。

○步骤5：交换（E），由理性信念带来的积极的新行为结果。

——我要多考虑客户需求，对现在的方案进行改进。

其实，事情本身并没有发生任何变化，但是改变了看待它的方式，就能对我们产生不一样的影响。如果能够及时觉察出自己想法中不合理的成分，及时进行调整，可以帮助我们有效地阻断焦虑情绪的产生，继而减少身心上的无谓消耗。

情绪援救

03 打破非黑即白的僵化信念

苏晨的学习成绩一向都很稳定,偏偏在考研时失了利,失败带来的沮丧感漫延到生活的各个方面,她突然觉得任何努力都没有意义了,看着镜中颓废的自己,既厌恶这样的状态,又不知道该怎么做,每晚都会焦虑得失眠。

黄珏工作一向很认真,从未想过偷懒耍滑,可在公司内部竞聘中,他却输给了同部门的同事。事后,黄珏听其他人说,那位同事的叔父是公司的大客户。这个消息对黄珏的打击很大,他开始怀疑努力的价值,把所有问题都归咎于自己没有家庭背景上。事实上,公司的领导压根都不知道他私下了解的这些事,而黄珏却为此丧失了斗志。

奇峰谈了几年的恋爱,付诸全部的真心,本想着这一生就与对方携手到老了,却不料遭遇了"背叛"。沉浸在失恋的焦灼中,他的内心充满了不甘,甚至宣称这一生都不会再相信感情了,总觉得谁付出的真心多,谁受的伤害就大。

✎ 非黑即白的僵化思维

类似这样的生活案例举不胜举。尽管上述的三位当事人遇到的问题涉及学业、工作和情感,属于不同领域的问题,可就他们的负面情绪来说，却是如出一辙：他们用一次失败和不美好的经历否定了所有，认为事物非黑即白，这是一种错误的思维方式，在逻辑学上有一个专属名词，叫作"虚假二分"。

非黑即白、非对即错、虚假二分的思维方式，会把一个可能存在多种问题的答案，假设成只有两个可能的答案，似乎全世界所有问题都只有两面。而当我们把结论限制在两个以内的时候，我们的视野会被限制，思维也会遭到严重的束缚。

恋爱失败了，不代表所有的感情都不可信，收拾好心情，努力提升自己，还有机会遇到更适合的人；考研失败了，不代表下次不会成功，也不代表不能拥有美好的前途；竞聘失败了，不代表自己一无是处，撇开所有的借口和外因，从自己身上找问题，争取下一次机会。

归根结底，问题本身不是引发痛苦的根源，如何看待问题才是真正的根源。生活中发生的很多事，并不是负面情绪的罪魁祸首，我们的感觉很大程度都是源于自己的想法。

任何事情，一味地钻牛角尖都只会变得更糟。焦虑的困境，很多时候都是自己编织出来的蜘蛛网，那些所谓的绝境，也不过是内心创造出来的假象。

走出非黑即白的思维模式

A.J.克郎宁说："生活不是笔直通畅的走廊，让我们轻松自在地在其中旅行。生活是一座迷宫，我们必须从中找到自己的出路。我们时常会陷入迷茫,在死胡同中搜寻,但只要我们始终深信不疑,有一扇门就会向我们打开。它或许不是我们曾经想到的那一扇门,但我们最终将会发现,它是一扇有益之门。"

摒弃非黑即白的僵化思维,有助于我们用开放性的思维去想问题,特别是在遇到挫折的时候,我们可以及时地提醒自己和他人:人生并不只是眼前这两种可能,还有无限可能,且每种可能皆有可能。高考落榜了,复读也有可能重新实现梦想;即便不复读,还可以选择专科学校;失恋了还可以再恋爱,也许能找到更适合自己的人……当我们意识到了第三种可能性存在时,我们就从牛角尖里钻出来了,并欣喜地发现,人生不存在绝境,处处都有转机。

04 如何摆脱灾难化思维的笼罩

潇潇入职了一家新公司,正式开启了转行生涯。现在从事的业务,跟她之前的工作内容大相径庭,还有许多东西要学习,这不免让潇潇感到焦虑。她总是担心自己在工作中出错,害怕被领导指责能力不足。

带着这样的顾虑,潇潇每天在公司里都战战兢兢的。周五那天,领导约了下午3点见客户,走之前跟潇潇说:"下班时你等我一会儿,有点事情跟你说。"就这一句话,让潇潇的

第四章 痛苦的根源是不合理信念

心跳到了嗓子眼。她感觉自己的腿都有点儿软了，脑子里一片混乱，根本无心工作。

潇潇心里琢磨："为什么要我留下来？难道是因为我的表现让他不满意？还是他觉得我不适合这份工作？肯定是看我对业务不熟悉，影响了部门的效率，想找一个更有经验的人替换我。"她越想越害怕，脑子里开始想象着那一场即将到来的灾难，甚至能够想象出领导跟她谈话时的表情。

潇潇越想越焦躁不安，她觉得自己马上就要失业了。想到失业这件事，心里又莫名地难过起来："我已经32岁了，早不是吃青春饭的年纪了，凭借现在的条件重新找一份工作也不容易，难道还要走原路？哎，生活怎么这么难呢！"

就在这时，同事在电脑上发来消息："潇潇，有一笔款需要财务那边提前结账，你去处理一下吧。"有任务落到自己身上，也顾不得那么多了，就算被解雇，也要站好最后一班岗。想到这里，潇潇松了一口气，就到财务那边处理结款的事宜了。

事情办完后，潇潇的心突然又一紧，时间已经临近下班了。她忐忑不安地回到办公室，领导已经回来了，而其他几位同事也陆续离开了。潇潇小心地询问领导，有什么事情交代？那一刻，她在等着最后的宣判。然而，领导只是轻描淡写地说了一句："噢，没什么，就是上次你谈的那个客户，近期说再订一些货，你跟进一下。"

潇潇瞬间觉得头顶上的那片乌云散开了，而后松了一口气。

领导只是说有事找潇潇谈，而她却主观地对这件事情进行了消极暗示，不停地想象领导要解雇自己，在焦虑中度过了一下午的时间。如果你也像潇潇一样，经常把一些事情的负面后果无限夸大，那么你需要提高警惕了，这种思维方式是有问题的，它在心理学上叫作"灾难化思维"，很容易诱发焦虑和抑郁，毁掉原本正常的生活。

灾难化思维

灾难化思维，就是想象消极事件的最坏结果，将事情的后果灾难化，甚至对将来不可能发生的事情也做最坏的打算，无限放大消极事件产生的负面影响。

很多事情没有那么可怕，甚至是无关紧要的。如果把这些问题视为无可抵御的灾难，高估坏结果发生的概率，就会产生许多预期焦虑，终日诚惶诚恐，敏感多疑，产生严重的恐慌心理。不仅如此，灾难化思维还容易让人陷入顾影自怜之中，错失解决实际问题的机会和动力。

缓解方法

当头脑中出现了"灾难化"的想法时，我们该如何缓解，减少它带来的不良影响呢？

1. 提高对负面情绪的觉知

遇到负面事件时，每个人都会产生负面情绪，甚至冒出一些令人崩溃的想法，此时你要提醒自己："我感到担心和害怕是正常的，但这些想法并不是真的，它只是告诉我会存在这样的可能性而已。"你可以给自己戴上一根橡皮筋，一旦脑海里冒出糟糕的想法时，就弹自己一下，阻断不良的思维蔓延。疼痛感会给大脑传递一个讯号，提醒你不要被负面想法伤害。

2. 进行正念冥想训练

正念冥想训练的方法，可参照第2章中的"自由练习"，让思维停留在当下发生的事情上，不为未来的不确定性而担忧焦虑。更简单的办法是：关注你的脚指头，感觉它现在的状态；触摸你的茶杯，感受茶杯的质感；泡一壶茶，慢慢地品味。

3. RAIN 旁观负面情绪法

尝试不把焦虑、恐惧等负面情绪等于自身全部，而是将其视为产生特定情况下、从外面进入的一个来客。在《一平方米的静心》中，作者莎朗·莎兹伯格提到了一个帮助人走出负面情绪的工具 RAIN，它分为四个步骤，具体如下：

R——识别（Recognition）："嗯，这是焦虑，它来了。"

A——接受（Acceptance）："来就来吧，我不排斥它，否则它会变本加厉。"

I——探究（Investigation）："它是由片刻的紧张、无助和恐惧组成的。"

N——非认同（Non-identification）："你可以在这里待一会儿，但我才是这里的主人，我现在要请你离开了。"

今后，当灾难化的想法再次占据你的脑海时，希望上述的这些方法可以帮到你。

情绪援救

05 标签思维是禁锢人的枷锁

想象一下：你的眼前摆着一个颜色通红、外形饱满的山楂。你拿起这个山楂，将其掰成两半，想象着它的味道。透过山楂的果肉，你可以联想到那种酸酸的味道。接着，你又想象把它放进了嘴里，几乎就在一瞬间，你的口中似乎已经充溢了山楂特有的酸味。

现在，请你停止想象，把关注的焦点放在自己身上，看看发生了什么？

你的口腔是不是分泌出来更多的唾液？你的五官是不是紧缩了？虽然没有真实的山楂出现，你也不曾品尝它的味道，可是从山楂到心理暗示，再到分泌唾液，这一系列的变化都是由于想象和观念造成的。因为你给山楂贴上了"酸"的标签，然后你就对这个标签产生了心理和生理上的反应，人们平日里说的"望梅止渴"也是这个道理。

对山楂的标签化想象，不会给我们的生活带来什么不良的后果，可如果把山楂变成自己或他人，再贴上不合实际的标签，带来的往往就是一系列的负面情绪。这就好比，你给自己贴上了一个"我能力不行""我不够好"的标签，那么遇到挑战，你就会感到恐惧和焦虑，即便是一个好的机会摆在眼前，你也会因为这个标签的存在而选择放弃。

标签思维

标签思维，是对所有经历或看到的人、事、物的思维固化判断，它会妨碍我们按照自己所希望的方式行动，甚至让我们在想说"是"的时候说"不"；不敢提问题，不敢提要求，不敢追求自己想要的，害怕被拒绝、被嘲笑。最终的结果就是，一边憧憬着理想中的生活，一边在眼前的苟且中焦灼。

一个人习惯在心理上进行什么样的自我暗示，他就会成为什么样的人，过什么样的生活，有什么样的结局。如果你总是对自己说"我不行""我会失败""大家都不喜欢我"，你的脑海就会被这个预言紧紧包围，阻止你去做积极的尝试，因为你害怕会受到别人的批评，僵化的观念让自己不敢尝试新的事物，结果就真的演变成了你所想得那样。

培养成长式思维

卡罗尔·德韦克在《看见成长的自己》里提到过，人有两种思维模式：

1. 僵固式思维

拥有这种思维模式的人，总是想让自己看起来很聪明、很优秀，实则很畏惧挑战，遇到挫折就会放弃，看不到负面意见中有益的部分，别人的成功也会让他们感受到威胁。他们有可能一直停留在平滑的直线上，淹没自己的潜能，这也构成了他们对世界的确定性看法。

2. 成长式思维

拥有这种思维模式的人，希望不断学习，勇于接受挑战，在挫折面前不断奋斗，会在批评中进步，在别人的成功中汲取经验，并获得激励。这样的人，他们不断掌握人生的成功，充分感受到了自由意志的伟大力量。

这两种思维最大的区别在于，成长式思维的底层是安全感。这种安全感不是因为"我是一个什么样的人"，而是因为"我有很多可能性"。具备这种安全感的人，无须保护某种特定的自我观念，他们突破了自我中心的束缚，从成长和发展的角度看问题。

未来的路，会有诸多挑战，会遇到挫折，会被人质疑，希望你能够换一种视角去看待它。

06 罪责归己会让痛苦无限弥漫

鲁迅先生的《祝福》里，有一个逢人便重复同样话的女人，她就是祥林嫂。

祥林嫂有着一段悲惨的遭遇，因为疏忽看管孩子，导致孩子被狼叼走。从此，这便成了她生命里最深的痛，最大的悔恨。周围的人对她没有同情和怜悯，只有冷漠与嘲笑。祥

第四章 痛苦的根源是不合理信念

林嫂不知所措,渐渐地远离了人群,变得沉默寡言,终于在除夕夜凄惨地死去。

相信直至现在,看过这篇文章的人,依然会对这一情节记忆犹新。祥林嫂的喋喋不休、怨声载道简直成了一个反面教材。其实,从心理学角度剖析,她所有的症结都只源于一点:不肯宽恕自己,在出现心理创伤之后没有及时走出心理阴影,悔恨交加的情绪积压在心里,耗竭了心力,导致精神世界彻底崩溃。

祥林嫂是虚构的,可生活中像祥林嫂一样的人,却是真实可见的。

田晓蕊因病休假在家,心里却始终放不下工作的事。她是公司宣传部的负责人,许多事都得亲自把关才放心,偶尔放手一下,就可能出现岔子。虽然每天在家里休息,可她还会不时地询问工作上的事。后来,因为有一项重要的文件需要她签字,她便让助理下班时顺道把东西带过来。结果,在来她家的途中,助理不小心被一辆电动车撞了。

事后很久,她一直都觉得愧对助理,每次面对助理都会有些焦虑,总试图想办法"弥补"对方,弄得助理都有点不好意思。毕竟,那次小意外,只是让她擦伤了皮,并无大碍。况且,就算不给田晓蕊送文件,她依然要经过那条路。从始至终,她从来就没有怪过田晓蕊。

不仅在工作上如此,在感情方面,田晓蕊也是一个很容易自责的人。

她和前男友是异地恋，后来对方为了她放弃了工作，来到田晓蕊所在的城市，重新找工作。田晓蕊既感动又内疚，总觉得是自己给男友的生活造成了"麻烦"，就处处迁就男友。没想到，男友后来还是移情别恋了，向田晓蕊提出了分手。

分手之后，田晓蕊并没有怨恨男友，反倒觉得自己不好。她曾经借给男友 1 万块钱，虽然自己也遇到了难事，可一直不敢开口向对方要，总觉得错在自己，没有理由去讨回那笔钱。在这段感情中，田晓蕊受到了很大的伤害，但她还是忍不住这样想：如果对方不是因为我来到这个城市，后面的一切就不会发生，彼此也不会因为生活琐事闹翻，他更不会移情别恋。

"如果……那么……"引发的负罪感

在田晓蕊身上，我们看到了一种思维模式，或者说一种不合理信念：但凡有不好的事情发生，就认为是自己的错。在心理学上，这种事事都认为自己不对的想法所引起的情绪，叫作"负罪感"。当负罪感产生时，当事人总觉得自己对所做的某件事或说过的某些话要负责任，觉得自己不该如此。这种情绪批判的不只是自己的行为，同时也批判了整个人。

"如果……那么……"的思维模式，是导致负罪感的重要原因。比如："如果我再瘦一点，那么他就会喜欢我""如果我再努力一点，那么晋升的人就是我"。这种思维模式的危害在于，它跟现实毫无关系，只存在主观推理中，严重影响了自尊和自信。

很多人都不解，自己为什么会陷在"都是我的错"的漩涡中？

有一项针对美国大学生的调查：研究人员要求学生们记录一件"给他人带来巨大喜悦的事情"，结果很有意思：学生们对自我的不同看法，明显影响了事件的叙述。

高度自信的学生描述的情形多半是基于自己本人的能力给他人带来的快乐，而那些缺乏自信的学生记得更多的是分析他人的需求，在意他人的感受，他们强调的是利他主义，而自信的学生强调的是自己的能力。

由此不难看出，缺乏自信的人总是把他人的需求放在第一位，从而忽略了自己的能力和正常需求，继而萌生出一种心态：一旦事情出了问题，就把责任归咎于自己，因为没有满足他人而感到愧疚。这样的思维模式很容易让人产生自我怀疑和焦虑抑郁的情绪，因为背负着强烈的愧疚感，让生活和心情都变得很沉重。

✎ 走出罪责归己的漩涡

自责会影响自信的确立，给心灵增加负担，饱受内疚感和羞耻感的折磨。要改变这一切，就得增强自我意识，告别"我应该""我后悔""我不喜欢自己"的思维方式。

1. 转移注意力

把注意力从那些让你感到自责的事情上移开，去做你内心深处非常想做的事情。

心理学实验证明：全身心投入一件事情，能给人在精神和体能上带来帮助，并能消除人们对自己的不满情绪。比如：读一本喜欢的书，听一场美妙的音乐会，来一场痛快的旅行，全身心地投入一件事情里，尽情地享受过程。

2. 实事求是地归责

现实中某一结果的发生，通常都不是单方面原因所致，要实事求是地评价自己在各种事情中应当负的责任，不要盲目夸大自己的"破坏力"。这样才能有效地保护自信心，更好地应对挫折，摆脱焦虑、内疚、悔恨等负面情绪的困扰。

07 你不必非得和大多数人一样

如果你看过潘婷的泰国公益广告《你会闪亮》，一定记得这两句颇有深意的台词：

——"为什么我和别人不一样？"

——"为什么你要和别人一样呢？"

对小提琴情有独钟的聋哑女孩，深受街头小提琴卖艺老人的鼓舞，报了音乐培训班，结果遭到所有同学的奚落。残酷的现实把女孩的梦想击得粉碎，在回家的路上，女孩再次遇到老人，她哭着问老人，为何自己与别人不一样？老人反问她，为什么要和别人一样呢？音乐是有生命的，闭上眼睛用心去感受，就能看见。

女孩放下了所有的顾虑，迎着众多轻蔑的目光，心无旁骛地练琴。多年后，在一次青年古典音乐大赛上，女孩以一首《卡农》震惊了在场所有人。那一刻，回想起以往的苦难与屈辱，早已是云淡风轻。

你害怕和多数人不一样吗？

走出这段广告片，联想到现实生活，再重新品味那两句台词，感慨颇多。

很多人之所以不敢遵从内心的声音去选择，不敢选择"非常规"的活法，就是因为害怕和大多数人不一样，被视为扎眼的另类，承受外界的舆论非议。每每想到自己的一切都可能被当成别人茶余饭后的谈资，就会产生强烈的焦虑感与恐慌感。

因为不想背负额外的压力，索性就选择多数人走的那条路。

这条看似"安全"的路，真的好走吗？

现实情况，不仅没有想象中顺畅，反而更艰难。步履匆匆地追赶着所谓的幸福，过着身不由己的日子；为了赢得别人的好感，小心翼翼地藏起自己的委屈……越走越迷茫，越走越疲惫，找不到动力和方向。当有一天，想要发出自己真实的声音时，蓦然发现，已经没有开口的勇气和能力了，只能继续做一个虚无的影子。

人生没有标准的模板

金正勋在《不谄媚的人生里》里说过："生活每天都充斥着各种各样的选择，最可怕的是不知不觉中已然放弃了对自己、对生活的警醒和觉察，任由别人灌输的信念和过去的惯性来支配自己的生活。人生最悲凉的笑话，莫过于用尽毕生努力成功地成为别人。人只有一辈子，为自己而活才是最大的奢侈。"

人生从来都没有标准的模板，有的只是约定俗成的观念。每个人的生命都是独一无二的，我们可以有自己的想法，也有权利过自己想要的生活，不一定非要成为大多数人，去完成世俗观念里的某一套流程。

之前看到一位从德国留学归来的女孩写下有关"男女平等"的文字，印象最为深刻的是这一段描述："我回家的时候，总有三姑六婆让我早点结婚，大了就嫁不出去了……更可笑的是，有些人居然对我说，如果嫁不出去，读那么多书又有什么用？"言外之意，结婚是女人的最终归宿，努力让自己变得优秀也成了获取幸福的筹码。若是找到了如意郎君，从此过上了衣食无忧的生活，那就是众人眼中最幸福的人；若找了一个没房没车或是成了大龄剩女，就算与幸福绝缘了，可能会被人冠上凄凉的头衔，甚至遭人轻视。

庆幸的是，写这篇文章的女孩不落世俗，不畏流言，她有自己对人生和幸福的理解："如果你足够强大，你就不会把幸福押在别人身上，你会自己创造幸福或者能给别人带来幸福，而变得强大的途径，就是学习，就是读书……无论什么样的女生，都应该做一个精神和物质很强大的女子，想要钱，自己赚；想要房和车，自己买。"

这番话说得相当精彩，这种从经济到思想都足够独立的姿态，更是值得欣赏。

生活终究是自己的事，想怎么过也是自己的事，性情和生活都需要一点个性，必要的时候需要他人的指点，但绝不需要他人的指指点点。当心底的声音与外界的声音相抵触时，愿你有勇气选择那条"少有人走的路"——也许不太符合常理，却能抵达自己想去的地方。

08　【实践课堂】：从积极的视角看批评

思妤是一名杂志编辑，为人勤恳踏实，业绩也不错。主编为了提拔她，让她自己开发选题、采编等等。工作难度大了，问题肯定也就多了，出错的概率也会大一些。

作为主编，发现下属的错误自然有义务要提出来，可思好受不了了。当她听见主编说自己近来做的选题和文章有点太单一、少了些许新意时，心情一落千丈。她认为，主编是故意把难题推给自己，在时间那么紧张的情况下还挑三拣四，分明就是"针对"自己。虽然这些话没有说出来，可脑子里的想法却从未停止。

接下来的那段时间，但凡主编说句批评和提醒的话，如"最近是忙了点，大家要坚持一下，工作时不能懒懒散散的"，思好都觉得是在暗指自己；就连表扬同事某个项目做得好，她听了也难受，倒不是嫉妒，而是觉得主编的潜台词是指责自己做得不好。

每天心里背着这么一个大包袱，思好工作做得越来越没意思，出的错也越来越多，她都不知道自己该不该继续做下去？继续做，心里很纠结，总觉得别人处处针对自己，不认可自己；辞职吧，心里不服气，总觉得这就等于承认自己能力不行。

✐ "水仙花情结"

每个人都有过因为别人的批评而焦虑痛苦的时候，但像思好这样对任何批评都产生强烈的抗拒，则是因为内心的过分敏感在作祟。

第四章 痛苦的根源是不合理信念

法国行为心理医师克里斯托夫·安德烈指出,当一个人过于敏感的时候,往往会出现这样的情况:对于周围的环境,尤其是那些不利自己获得认同,或是容易让别人对自己产生怀疑的因素非常在意;对于周围的信息,哪怕是中性的信息都会作出不利于自己的判断。比如:总觉得别人窃窃私语是在说自己;对于环境难以做出适当的反应,容易生闷气或攻击别人。他们有胆怯的一面,也有"水仙花的性格",总觉得自己比别人优越,应该受到更好的对待。

另一位心理分析医师比埃尔文特也表示:当水仙花情结和自身形象成为一体的时候,一旦受到不公平对待,便觉得自己的存在没有意义。这种人最为关注的内容就是"责备语言",越是无意之间触到痛处,越会招致强烈的反应。

✐ 批评不是灾难

曾经担任美国华尔街40号美国国际公司总裁的马歇尔·布拉肯先生回忆自己受到批评的经历时说:"早年,我对别人的批评非常敏感,那时我想让公司的每个人都觉得我十分完美,如果他们有一个人不这样认为的话,我就感到忧虑,甚至想办法取悦他。可是,我讨好他的结果,又会让另一个人生气。最后我发现,我越是想去讨好别人,越会让我的敌人增加。后来我干脆告诉自己,只要你超群出众,你就一定会受到批评,所以还是趁早习惯的好。从那以后,我就决定只是尽自己最大的努力去做，把我那把破伞一样的抱怨收起来，让批评我的雨水从身上流下去，而不是滴在我脖子里。"

伯特勒将军年轻时也和马歇尔·布拉肯一样，希望别人都对自己有好印象，一点小小的批评都让他难受。每次面对责骂和羞辱，他心里都难受极了，甚至想要发怒，可当他冷静下来的时候发现，自己抱怨、发牢骚都不能阻止别人说难听的话。

他开始怀疑，这一切可能是自己的问题。之后，他抱着试试看的心理去审视自己，结果发现问题真的存在。怎么办？伯特勒决定还是改掉吧！自那以后，就算听见别人说自己，他都不会理会，而是想想自己是不是真的错了。

受批评是很正常的事，不管你是谁，你的身份地位如何，当面的、背后的批评都免不了；受批评时不必太敏感，越是抗拒，越是如影随形。

当你能够坦然接受"批评的存在"这件事之后，就要冷静地去分析批评了。如果别人说的没错，那就可以参考；如果是无稽之谈，那就不必为之不安。总之，要从积极的方面看批评，适当听取别人的意见，有则改之无则加勉。

09 【自由练习】：删除"必须"

现在我们已经知道，是那些根深蒂固的不合理信念和扭曲思维，让我们陷入负面情绪的泥潭。如果能够把那些"必须"从日常思维和言语中删除（比如：我必须……我应该……我不得不……我原本可以……），生活就会轻松许多。

如何来完成这件事呢？或者说，怎样练习删除"必须"呢？

1. 扪心自问

为什么我认为自己"必须"做某些事情？是谁掌控指挥权？如果我没有做那些自认为"必须"的事，会发生什么？

在这个过程中，你可能会认识到，真正强迫你的人是自己，是你自己认为有义务去做某些事。除了法律法规、伦理道德要求的事情，生活中没有任何必须去做的事，你所认为的"必须"多半都是自己强加的限制。

2. 深入思考

我是怎样允许这种想法产生的？影响我的根深蒂固的信念是什么？是从什么时候、什么事件开始，我有了这样的想法？

在这个过程中，你可能会发现，过往的那些事情导致你产生了不合理的信念。

3. 练习说"不"

当你的脑海里冒出"必须"的念头，或是别人这样说的时候，你要有所觉察，并且试着对这件事说不，告诉自己没有绝对必需的事情。

在这个过程中，你可能会遇到一些困难，比如：没办法对某件事情说不，因为不做这件事的话，你可能会更加焦虑。面对这样的情况，不妨告诉自己：我已经认同它了。这样的话，你在做这件事时就会减少不甘和抵触情绪。

4. 替代"必须"

用其他词语替代"必须"，如可能、也许、想要/不想要、更喜欢/不喜欢、偶尔、决定要/不要、愿意等。

在这个过程中，你会发现，很多事情都不是绝对的，它有诸多的可能性，而你也有诸多的选择权。在灵活地表达想法时，你也能够更加明晰自己的感受和需求。

第五章

走出"自相搏斗"的困境

第五章 走出"自相搏斗"的困境

01 强迫症是一个人的自相搏斗

人世间最痛苦的事情之一，就是一个自己与另一个自己的战争。

27岁的依娜，已经脱离社会有一段时间了。倒不是她厌倦了工作和生活，而是她实在"没有办法"走出家门，为了这件事她和家人都懊恼不已。

事情要从一年多前说起：依娜有一个大学里就相知相恋的男友，度过了四年的大学时光，两人都顺利地走向了社会，工作也逐渐安稳下来。原本，两个人是朝着结婚的目标去的，不料依娜一次出差归来，竟发现男友出轨了，且出轨的对象还是一个陌生的女网友。

依娜崩溃了，一是在心理上不敢相信自己信任的男友竟然会做出这样的事，二是在生理上出现了极度厌恶的反应，认为男友很"脏"，害怕他会感染什么不洁的疾病，拒绝再跟对方交往。尽管男友再三挽留，并一再地向依娜承认错误，但依娜怎么也无法说服自己，也无法摆脱那种厌恶感，两人就分手了。

情绪援救

分手以后，问题并没有消失。此时的依娜，已经不仅仅是遭受失恋的折磨了，她开始害怕各种各样的脏东西，听到别人咳嗽就浑身起鸡皮疙瘩，担心会咳到自己身上；走在路上，看到一些脏物也会作呕，总怕它们沾染到自己身上。因为有了这样的担忧和恐惧，依娜就开始频繁洗手，从最初的十几次，逐渐增加到几十次、上百次，她明知道不必要，却控制不住。

当洗手的问题变得愈发严重后，依娜没办法继续在公司上班了。

同事递给她的文件，她甚至都不敢用手去接；公司的电话，她也不敢去碰，一想到电话上可能沾染了别人的口水，就恶心得受不了。她不停地往卫生间跑，可又觉得公司的卫生间是公用的，浑身不舒服……依娜不希望看到别人对自己指指点点，也没办法在公司正常工作，就离职了。

当依娜开始长期居家生活后，她的问题变得更严重了，除了每天不停地洗手，把手洗得破皮以外，她还总担心家里的燃气会泄露，只要有人进厨房，她就要去重新检查燃气；房间里的东西，必须摆放得整整齐齐，某样物品要固定放在某个位置。

有时候，朋友想约依娜外出，她心里也是想去的，可无奈怎么也"出不了门"。她总是控制不住地去整理物品，去洗手、洗澡，一脚踏出家门，就觉得沾染了脏东西，要回去重新洗澡，反复折腾数次，已经远远超过了约定的时间，而依娜依旧无法出门。

由于实在忍受不了这样的痛苦，依娜在母亲的陪同下去了医院，被诊断为"强迫症"。

强迫症

强迫症是焦虑障碍的一种，以强迫观念和强迫行为为主要临床表现，最主要的特点就是有意识的强迫与反强迫并存，一些毫无意义甚至违背自己意愿的想法或冲动，反复地侵入患者的日常生活。虽然患者体验到这些想法或冲动都是来自自身，并且极力地反抗，但始终没有办法控制。两种强烈的冲突，让患者感到巨大的痛苦和焦虑。

简单来说，患有强迫症的人大都能够清楚地意识到，反复洗手、洗澡、检查等行为是没意义的、荒谬的，可这种冲动又非常强烈，没办法控制自己不去做……然后，就陷入了一个恶性循环的怪圈——强迫行为暂时地缓解了强迫观念带来的焦虑不安，但随着强迫行为的持续和不断重复，又让患者脑中的强迫观念变得愈发顽固，难以拔除。就这样，患者必须面对双重的折磨——被强迫观念围攻，还要重复那些让自己痛苦的、尴尬的强迫行为。

强迫行为的特殊意义

对强迫症患者来说，他们做出的强迫行为，其初衷并不是为了消除脏东西，而是因为清洁存在一种特殊的意义。

就案例中的依娜来说，她之所以反复洗手、洗澡，总觉得生活中各种物品脏，是因为前男友与网友发生了关系，这种随意发生的性关系，让她感到肮脏和厌恶，才在不知不觉中形成了反复清洗身体的行为。

有些强迫症患者有"整理癖"，比如电影《火柴人》里的男主人公，不允许自己的房间内有一点脏东西，游泳池里落有两片叶子，也会赶紧捞出来。从某种意义上来说，清洁房间的过程，也是清理内心的过程。男主人公从事的是行骗的职业，他不愿意面对内心的自己，因而就通过强迫性洁癖来"消除"这种罪恶感。

放下心理负担

强迫症犹如一个人的自相搏斗，但无论出现什么样的强迫观念与强迫行为，请你记住一句话：这并不是你的错，而是强迫症在作祟。

美国加州大学洛杉矶分校医学院的知名精神病学教授杰弗里·施瓦兹在《脑锁》里提出：强迫症患者的症状，与患者脑部的生化失衡引发的大脑运转失灵有关。换句话说，当强迫症发作时，你大脑里类似汽车换挡器的那个零件没办法正常工作了。

如果是大脑物质出现了问题，还能治疗吗？这是很多强迫症患者在得知上述情况时的第一感受和疑问。事实上，今天对于强迫症的研究比几十年前深入了许多，治疗方法也变得多样而有效。目前，治疗强迫症主要有三大类措施：药物治疗、心理治疗、神经外科脑手术治疗，这些都是我们在跟强迫症抗争时的帮手和武器。

02 注意区分强迫型人格与强迫症

生活中有一类人，习惯把自己置身于各种规则框架中，用高标准要求自己；总是以某种特定的方式生活，给人一种循规蹈矩、不懂变通、僵固刻板的印象；对事物思虑过多，内心时常笼罩着一种不安全感，很容易陷入莫名的紧张与焦虑中；对节奏明快、突如其来的事情总是显得不知所措，难以适应，接受新事物较慢。

凡事都有两面性，这类人也有其特定的优势：他们在重要的问题上会严格遵守程序，重视安全性，谨慎对待调查数据，对产品质量要求很高，力求精益求精。乔布斯就是一个例子，他对产品细节的追求近乎病态，反复修改屏幕顶端标题栏的式样，只为更加平滑；他还坚持要让芯片整齐地排列在电路板上，即使它们不会被人看到；发布会之前，他一次又一次地演练；就连苹果零售店的地面装潢，也必须用真正的石头，且在颜色、纹路和纯度上也十分挑剔。这种近乎苛刻地对细节的追求，把苹果的设计和制造推向了极致。

碰到上面的这类人，人们经常调侃说他们有"强迫症"。在此，我们需要正式地澄清一下，上述这类人的思维和行为与强迫症毫无关系，他们体现出的是强迫型人格的特质，两者之间没有必然的联系，绝不能混为一谈。

强迫型人格

拥有强迫型人格者，通常都有完美主义倾向，对自己要求严苛。这一特质使得他们自律和优秀，也让他们活得步步惊心，时常担忧自己做得不够好，担心犯了错会影响自己今后的前途。对不完美的恐惧驱使他们十分关注细节，不允许自己出现任何差错。当强迫型人格凡事追求完美的执念超过了一定限度，就可能发展成强迫型人格障碍。

岑萌的性格里带有明显的强迫型人格特质，她喜欢把东西排得整整齐齐，把物品按照不同的标准进行分类，书桌上所有的东西都会按照平行或垂直的顺序排列。翻开课堂笔记本，几乎每一页都是精心设计的，清一色的楷体字，用不同的颜色画出重点，但她很少翻开这些笔记，许多内容也没有记住，考试成绩也不理想。小组做实践活动时，岑萌总是热衷于做计划，希望大家都严格按照计划行事，她自认为付出很多，但小组成员并不领情，不是埋怨她太慢，就是指责她事儿太多，做事效率低下。

强迫症

强迫症，是一种以强迫观念和强迫行为为主要临床表现的心理问题，其存在的强迫观念与强迫行为主要有以下几种：

1. 强迫观念

○害怕脏，害怕被污染

○毫无根据地担心自己患上可怕的疾病

○厌恶身体分泌物与排泄物

○过分担忧脏东西、血迹、化学物质、细菌

○异常关注黏性物质及其残留物

2. 强迫行为

○不停地清洁、清洗物品

○过度地、仪式化地洗手、洗澡、刷牙等

○坚持认为某些物品被污染，无论怎样洗都不可能"真正干净"

患有强迫症的晓林，表面看起来和常人无异，可内心却藏着常人难以理解的痛苦。无论在家里还是闹市中心，她总是躲避地面上的格子线，经常左跳一下、右跳一下。哪怕周围人都看着她，哪怕她知道这样看起来很神经质，也无法控制自己的行为。

现实生活中，多数人只是存在强迫型人格的特质，比如：出门后总担心自己没有关燃气、没有锁门；摆放物品总要按照一定的秩序，打乱就觉得难受……千万不要轻易地给自己和他人扣上"强迫症"的帽子，两者根本不是一回事。

03 怎样判断自己是否患有强迫症?

了解了强迫型人格与强迫症的区别后,我们该如何自测,判别自己是否得了强迫症呢?

强迫症测试量表

在诊断强迫症时,心理专家推荐三套专业的测试:

1. 明尼苏达多相人格调查表(MMPI)

2. 90项症状清单(SCL—90)

3. YALE-BROWN强迫量表。

自我测试

在此,我们也附加一个简单的测试。需要说明的是,这个测试结果只能作为参考,不能直接作为诊断依据,具体结果还是要请教医生进行评估诊断。

1. 强迫观念或强迫行为,每天会占用你多少时间?

A. 没有

B. 轻度(1小时)

C. 中度(1~3小时)

D. 严重（3~8小时）

E. 非常严重（几乎占据所有清醒的时间）

2. 强迫观念或强迫行为，对你的生活有多大影响？

A. 没有

B. 轻度（大部分生活不受影响）

C. 中度（小部分生活受到影响）

D. 严重（对工作和社交有影响，还可以控制）

E. 非常严重（对生活各个方面都有影响，无法控制）

3. 对强迫观念或强迫行为有抵抗心理吗？

A. 没有

B. 轻度（念头微弱，无须抵抗）

C. 中度（大部分情况下尝试抵抗）

D. 严重（已经在努力地抵抗）

E. 非常严重（完全屈服于念头，放弃抵抗）

对于上述的三个问题，如果其中任意一条的答案是"D"或"E"，极有可能就是患上了强迫症。如果是这样的话，一定要去看医生，不要逃避。

强迫症会给我们发送"错误的信息"，让我们陷入怀疑和恐惧中，且这种状态犹如面对两扇门，一扇门的看守告诉你：这样做，你就该死；另一扇门的看守告诉你：不这样做，你会死得很惨！它们逼着你做选择，可怎么选择都是"死路一条"。

被强迫症缠绕的人，每天都要跟另一个自己作斗争，深陷严重的精神内耗中，内心的无力感和沮丧感会与日俱增。但我们必须知道，强迫症不是不可治的，一定要有信心，不要自暴自弃，任由自己被它吞噬。

04 对抗强迫症，你要比它更强大

尽管强迫症源于大脑功能的某种失调，但并不是无法改善。美国研究人员杰弗瑞·M.史瓦特与贝弗利·贝耶特经过大量的调查证实：如果强迫症患者主动学习驾驭强迫症，调整自己的思维，配合药物和行为治疗，被治愈的成功率可达80%！剩下那些没有被治愈的人，甚至病情变得更为严重的人，绝大多数都是因为丧失了斗志，自甘沉沦。

强迫症就像一只贪得无厌的怪兽，你越是妥协退让，它越是得寸进尺。听从症状的吩咐，只能换得片刻的缓解，但随之而来的，就是强度更大的强迫念头与冲动，这种恶性循环会不断地进行下去。正因为此，杰弗瑞和贝弗利两位研究者，对强迫症患者们提出了一个真诚的忠告："无论从身体上还是心理上，你都必须要比强迫症更强大。如果屈服于症状，会让你的情况进一步恶化，使你只能待在房间里，待在床上，像一棵蔬菜那样腐烂掉。"

为了避免完全被强迫症操控，强迫症患者要去面对自己所恐惧和焦虑的事件本身，而不是诉诸可以带来短暂安慰和缓解的强迫仪式。

所以，有一些事情必须要加以控制，我们在这里简单地总结为"四个不"：

不要封闭自我，沉溺于痛苦之中

现实中有不少人在患强迫症之后，会把自己关闭在屋子里，谁也不见，什么也不做，就呆呆地窝在房间里……这不是在疗伤，而是一种对痛苦的沉迷。

长期封闭自己，会导致过多的精神能量无处释放，继而更多地关注自己的状态，让强迫变得更严重。如果症状没有严重影响你继续执行原来的社会角色，那不妨继续上学或工作，这是一种积极的行动，能够让许多相关的治疗更容易实施。

不寄托于幻想，希冀症状自动消失

现实中存在这样的情况：个别强迫症患者曾经有反复洗手的行为，但后来这些行为消失了，他们此后的人生也没有受到强迫症的困扰。于是，很多人也希冀着，这样的奇迹可以发生在自己身上，终日祈祷强迫症能够主动离开自己。

这不是一个明智的做法，强迫症的根源在大脑，想让复杂的大脑重新回归正常的工作，即便有这样的可能，也需要漫长的时间。在这段时间里，难道任由强迫症肆意地折磨自己吗？不要坐等强迫症消失，寄托于缥缈的幻想，那无异于把自己狠心丢在强迫症的怪圈里。如果真要祈祷，不如祈求自己能够找到解决问题的方法，要知道"天助自助人"。

不要扩大强迫症，阻止强迫泛化

心理学上有一个名词叫作"泛化"，是指某种反应（包括行为、心理、生理反应）和某种刺激源形成联系后，对于其他类似的刺激源，都会出现该类反应。

不少强迫症患者，最初的强迫观念只有一个，后来发展到强迫的观念越来越多，一个接一个地强迫，或是同时强迫，或是一个替代一个地强迫。通常来说，性格比较内向，同时又有完美主义情结、敏感固执的患者，比较容易出现泛化的情况。

想要阻止强迫的泛化，就要充分意识到泛化的存在，当出现泛化的时候，要及时地认识到这并非出现了什么特殊的问题，而是症状在泛化。如此，内心的焦虑感就会降低。倘若能够做到不去理睬这些反复出现的观念，泛化就不会对患者产生太大的影响。最怕的就是，反复去琢磨它，结果陷入了不断泛化的深坑。

不盲目夸大强迫症，不被感觉愚弄

认识到强迫症的病症与危害是好事，但如果过分夸大强迫症的力量，对它过度恐惧，总是不停地暗示自己：我没法避免，我控制不了……就会导致症状越来越严重。

我们要学会客观、正确地看待强迫症，不要任由其摆布，也不要高估它。哪怕偶尔不得不听从于它，也没关系，只需提醒自己：这是强迫症，下次我要战胜它。

为了避免过分夸大强迫症，美国一位临床心理学家提出了一个方法，即别被感觉愚弄。他指出：强迫观念带来的心理震动和感觉通常会击垮患者，患者只有明确知晓自己的恐惧是不合理的，才能够停止恐惧，释放出力量。

具体的做法，可以参考以下步骤：

步骤1：列出你有过的强迫观念和行为，写下它们给你带来的心理震动。

步骤2：你认为自己为什么会有这样的感觉？写出来。

步骤3：回忆你在面对这些恐惧时的做法。当时，你是否出现了心跳过速、呼吸急促的症状？事实上，这是你的身体在做准备，它在提醒你已经接近了过去害怕的那些东西。

步骤4：根据自己的症状，你感觉有哪些"危险"要降临？写出来。

步骤5：列出一些未成为现实的危险，比如：看恐怖片时，就算在自己的家里，你也会害怕……类似这样的情况。

步骤6：你尝试做了什么，让自己放松下来？在因为强迫症而感到恐惧时，能不能也用这样的方式来处理？

经过这样的思考，可以帮助强迫症患者明白，不必为了某些感觉

情绪援救

而担忧。当你不再去夸大它的威力时，就增加了应对它的勇气，而不是在想象的恐惧中沦为它的奴隶。

05 向亲友坦白，不做沉默的羔羊

对现实生活中饱受强迫症折磨的患者来说，阻碍他们疗愈的一个不可忽视的因素，是他们把自己的强迫症藏得很深，以至于无人发现。这种保守患病秘密的本能，可以说是强迫症治疗过程中最大的敌人。

强迫症不羞耻

如果倒退200年的话，强迫症或许会被认为是一种罕见病，可今天它已经越来越被人们所熟知，人们对于强迫症的认知度和容忍度也在提高。

强迫症不是隐疾，我们不用为此感到羞耻和恐惧，也不必把自己困在"不能说的秘密"里，一个人默默地忍受煎熬，社会关爱和精神支持可以更好地帮助我们疗愈病症。

杨松的强迫症要求他必须待在一个绝对有序的环境里，起初家人和女友都不理解他的行为，还为此闹了不少别扭。经过慎重的考虑，杨松决定向家人和女友说明实情。这件事情公开后，周围人都释然了，也变得更加开放。

最受益的人当然是杨松，他不用再把自己笼罩在心理防御网中，小心翼翼地隐藏自己或是戒备他人。他可以大方地承认自己的弱点，偶尔还会幽默地自嘲一下。这对于疗愈他的强迫症也起到了积极作用，让他不再时刻关注自己的症状，融洽的人际关系转移了部分注意力，让他也像其他人一样发挥出自己的社会功能。

怎样说出"我有强迫症"？

不少强迫症患者也曾想过向亲近的家人朋友坦白，却不知道该如何开口？很担心自己的坦白会把对方"吓"到，或是无法获得对方的理解。如果真发生那样的情况，对他们而言，很有可能会变成"二次伤害"。

那么，强迫症患者该如何讲述自己的病况才比较妥帖呢？

1. 找到恰当的、正式的时机，向亲友吐露自己的问题

什么是恰当和正式的时机呢？简单来说，就是在大家都比较冷静和理智的时候，去谈论这件事情。如果当时的气氛比较活跃，大家都沉浸在玩笑和娱乐中，说这件事情就不太合适，会给对方"当头一棒""莫名其妙"的感觉，甚至会被误认为是随意说说。

2. 讲述自己的强迫观念与强迫行为，让对方知道是强迫症使然

在做这件事之前，可以购买一些相关的书籍，或推荐一些涉及强迫症症状的影片，以便让周围的亲友客观正确地了解强迫症，从而正确认识你的病况，避免无谓的焦虑和恐惧。

3. 告诉亲友你的治疗计划，请求他们的帮助

如果你只是把自己的病情告知亲友，他们可能会很茫然，不知所措。对此，美国的杰弗里·施瓦兹教授提议："帮助家庭成员更多地学习强迫症治疗知识，以减少或避免他们对你毫无建设意义的批评，或者是错误地助长你的强迫症。"

做好上述三件事，能够为强迫症患者与家人化解过去因互不理解而导致的矛盾，并有助于重建良好的沟通关系。总而言之，选择合适的方式，袒露实情，引导亲友认识强迫症，会让强迫症患者获得支持与力量，发自内心地感受到——"我不是孤身一人在奋战"！

06 将"我"和"强迫症"分离

强迫症是一种医学意义上的疾病，与大脑的内部工作有密切关系。

对患者而言，清晰地意识到，那些强迫观念和强迫行为都是强迫症导致的，而不是他们自己。这种全然觉知的方式，对治疗强迫症有积极的意义，因为它让患者辨别那些滋扰自己的不良情绪。

✎ 重新确认

当强迫症患者遭受症状的困扰时，可以尝试重新确认，告诉自己说："这不是我，这是我的强迫观念""我不觉得有洗手的必要，是我的强迫观念让我去洗手""我不认为自己的身体脏，是我的强迫观念说我的身体脏"。

如果强迫症患者经常下意识地这样做，就算不能立刻把强迫冲动赶走，也能为积极应对强迫观念和强迫行为奠定基础。

这种全然觉知的应对强迫症的方法，就是要跳出强迫症的"局"，设法做一个不偏不倚的旁观者。当强迫症症状来袭时，告诉自己："这是大脑发出的一条错误信息，如果我改变自己的行为，就有可能改变大脑的运作方式。"

✎ 感觉痛苦过大时，后退一小步

方法简单易懂，真正去执行的话，却需要具备强大的意志力，并付出艰辛的努力。当强迫症患者被那些恼人的念头缠绕、处在痛苦的情境中时，让他们努力保持不偏不倚的旁观者立场是非常艰难的。为此，建议强迫症患者在使用这一方法进行自我疗愈时，如果感觉痛苦过大，且作出的努力几乎让自己筋疲力尽，不妨屈从一下，去做强迫行为，将其视为后退的一小步。只要长期坚持练习，症状还是会得到改善的。

一位亲自实践全然觉知方法的强迫症患者坦言:"有很多次,虽然我不断澄清:强迫的原因是大脑化学物质失衡了,引发的感觉是无意义的症状。可当病症猛烈地朝我袭来时,我还是没办法做到这一点。所幸的是,我没有放弃努力。渐渐地,我开始善于识别了,知道什么是强迫症,什么是有实际意义的担忧和焦虑。当强迫观念袭来的时候,我没有以前那么紧张了,而是可以告诉自己:不要再纠缠于这个念头了,这些我以前经历过太多次了,被病症伎俩蒙骗毫无意义。就这样,大约经过一刻钟或半小时,侵入性的念头就会慢慢消散。"

正所谓:"当局者迷,旁观者清。"

当病症来袭时,跳出强迫症的怪圈,以旁观者的姿态去审视它,告诉自己:"不是我的错,是强迫观念惹的祸。"这样能够帮助我们更加清醒地认识和对待强迫症。事实上,强迫观念从来没有真正掌握我们的意志,我们也一直可以控制自己对症状的反应。

只不过,治疗强迫症是一个长期的过程,需要有充足的心理准备和耐心。就像我们前面说的,实在痛苦难耐时,不妨屈服一下。这不是一次性战役,而是一场攻坚战,要不断地去应对困扰性念头以及强迫行为。在跟强迫症对战时,不要试图通过一次狂热的行动就彻底将那些强迫观念和行为击退,要学会循序渐进,在稳扎稳打中赢得胜利。

07 【实践课堂】：正确运用森田疗法

我们已经知道，逃避和抗拒是解决不了问题的，承认和接纳强迫症的存在，积极地找寻疗愈之道，尽可能地像健康人一样生活，才能保证患者不丧失生活与社会功能。

为了实现上述的目标，许多强迫症患者都曾尝试用"森田疗法"来进行自我治疗。

森田疗法

森田疗法，是日本东京慈惠会医科大学森田正马教授在1920年创立的一种心理治疗方法，是公认的治疗强迫症较为有效的办法之一，可与精神分析疗法、行为疗法相提并论。

不尽如人意的是，许多强迫症患者在使用"森田疗法"进行自我疗愈时，并没有获得预期的效果。这就让人产生了疑惑："森田疗法"到底能不能治疗强迫症呢？

答案是肯定的！"森田疗法"本身没有问题，真正的问题在于，很多人未能正确理解"森田疗法"的理论和治疗精神。在森田正马教授看来：强迫症患者原本没什么心身异常，只是存在疑病素质，也就是把某种原本正常的感觉视作异常，想要排斥和控制这种感觉，结果却把注意力完全放在了这种感觉上，导致注意与感觉相互加强，形成精神交互作用。

鉴于此，森田教授提出了两条治疗强迫症的精髓原则——顺其自然，为所当为。

1. 顺其自然

我们经常会提到"顺其自然"四个字，大致意思就是顺应事物的自然发展，不做人为的干涉。那么，森田教授提出的"顺其自然"原则，也是任由强迫症自然发展吗？请注意，这是一个关键性的问题！能否正确理解"顺其自然"，是治疗强迫症是否有效的前提。

事实上，森田教授所说的"顺其自然"，绝不是放任不管，沉溺在强迫症的症状中，他说的是禅学上的"顺其自然"，即花开花谢、日出日落都是自然规律，只有遵循和接受，才能过得快乐。将其引申到强迫症的治疗中，主旨就是：承认强迫症的症状，接纳它们的存在，不把它看得那么重要。当你不过分在意了，情绪才会平静；而情绪平静了，症状才能得到缓解和消退。

为什么要特别强调"顺其自然"呢？

许多患者对强迫症存在憎恨情绪，迫切地希望自己早点好起来，在无法抵抗强迫冲动时会感到自责，这些都会影响他们接纳症状。如果不承认和接纳强迫症状的存在，就会消耗大量的精力去驱赶它，结果适得其反。

这种行为就像是不停地揭伤疤，如此反复，伤疤只会越来越大。如果你接受了它的存在，不刻意理会，身体的自愈能力就会让它自然脱落。

2. 为所当为

当我们能够正确理解"顺其自然"以后，"森田疗法"鼓励强迫症患者带着症状——"为所当为"。那么，何谓"为所当为"呢？

第五章 走出"自相搏斗"的困境

请注意:"为所当为"仍是禅学上的一个概念！森田教授的意思是，让强迫症患者像健康人一样去生活。如果错误地理解了"为所当为"，就可能会在症状来临时，机械地、不停地去做那些无意义的事，这样是没办法帮助患者痊愈的，还可能会演化成另一种强迫症状。

健康人的注意力始终关注在生活中他们应该去做的一些事上，而不是关注在某一个念头或情绪上，所以强迫症不会发生在他们身上。所以，想要消除强迫症，患者也要把注意力放在自己应该去做的事情上，该吃饭就吃饭，该睡觉就睡觉，该工作就工作，该娱乐就娱乐，把这些生活的基本部分做好，尽量不刻意在意自己的症状。时间久了，就会改变过去那种固着于念头或情绪的习惯，而强迫症状也会在"为所当为"中慢慢减轻和消退。

在最初的一段时间里，患者可能还是会因为自己的强迫观念而痛苦，但只要相信它们迟早会消失，并努力做好自己该做的事情，那些困扰你的念头就会在专注做事的过程中不知不觉地消失，这就是带着症状生活——顺其自然，为所当为。

08 【自由练习】：为强迫症命名

Lily每次用外面的公共卫生间，都会感到紧张害怕，她被"脏"这个想法缠绕着，且多次败给了它。这也使得她一次又一次地从公共卫生间的门口仓皇而逃。离开那里，她会感到轻松，可随之而来的就是失落、懊悔和自责，因为她再一次放弃了和强迫症对抗的念头。后来，在心理医生的建议下，Lily给自己的强迫观念命名为"怕脏的天使"。如此一来，她感觉自己有了一个明确的对手，也更有力量去对抗强迫症了。

为强迫症命名？听起来似乎有些荒诞，它不是已经有了明确的称谓和定义了吗？

别急，听完接下来的解释，你就会理解这样做的意义和必要了。

我们说过，对抗强迫症需要将"我"和"强迫症"分离，重新确认自己的一些想法和行为是强迫症在作祟，而不是自己。为了避免落入强迫症的圈套，为了更好地将"我"和"强迫症"分离，就得进一步了解困扰自己的侵入性念头究竟是什么？然后，按照它们本来的面目称呼它们，这样能更好地辨认强迫症。

这个方法是美国临床心理学教授和咨询师蒂莫西·答锡泽莫尔先生在《别为强迫症抓狂》一书中提出来的，他曾用此方法帮助患者确定强迫症。有一位患者，在生活中必须关门6次，他坚信这样做可以让自己免于车祸。于是，他就给自己的强迫症命名为"幻想之门"。

如果不知道自己在和"谁"战斗，这场战斗就带着盲目性。强迫症的症状纷繁复杂，给自己的强迫症命名，会清楚地知道它们是什么、该如何应对？所以，命名的时候，最好结合诱因、表现和强迫症的专业分析，这样更有针对性。

第六章

与内心深处的
恐惧共舞

第六章　与内心深处的恐惧共舞

01 唯一值得恐惧的是恐惧本身

　　平凡的上班族麦克，在 37 岁那年的一天下午，做出了一个惊人的决定——他放弃了薪水优厚的工作，把身上的一些钱施舍给了街上的流浪汉，回家匆匆带了几身换洗的衣物，告别了未婚妻，徒步从阳光明媚的加州出发了——他要一个人横越美国，到东海岸北卡罗来纳州的"恐怖角"去。而在做这个决定之前，他面临精神崩溃的局面。

　　那天下午，这个再平凡不过的上班族突然大哭起来，因为他问了自己一个问题：如果死神通知我今天死期到了，会不会留下很多遗憾？答案是肯定的，而且这个答案令他万分恐惧。这时的麦克才意识到，虽然自己有个体面的工作，有个漂亮的未婚妻，有许多关心自己的至亲好友，但他发现自己这辈子从来没有下过赌注，一生平淡，从来没有达到过高峰，也没有跌落到低谷。

　　他扪心自问：这一生有没有经历过苦难，有没有勇敢地挑战过恐惧？接着他哭了，为自己懦弱的前半生而哭。麦克开始检讨自己，诚实地为自己一生的恐惧开出了一张清单：

小时候他怕保姆、怕邮差、怕鸟、怕猫、怕蛇、怕蝙蝠、怕黑、怕幽灵、怕荒野……而这些小时候令他恐惧的东西现在依然折磨着他。

长大后，他恐惧的东西就更多了，他害怕孤独、怕失败、怕与陌生人交谈、怕精神崩溃……他无所不怕，于是恐惧让他小心翼翼地活着，尽量避免接触这些令自己恐惧的东西。

想到这里，他忽然意识到，这正是造成他一生平平淡淡的根源，于是，就在他精神即将崩溃之时，他毅然做出了这个仓促而大胆的决定。

麦克决定挑战恐惧，于是他选择了这个令人闻风丧胆的"恐怖角"作为最终目的地，借以象征征服他生命中所有恐惧的决心。这个37岁的男人上路了，尽管在这之前还接到祖母的警告："孩子，你一定会在路上被人欺负的。"从小到大，他想不起自己有多少次因为这种警告而退缩，这次他不再退缩了。

他的决定是对的，他成功了，在几千次迷路，几十顿野餐，以及一百多个陌生人的帮助下抵达了目的地。这期间，他没有接受过任何金钱的馈赠，他曾与黑夜和旷野为伍，在雷雨交加中睡在超市提供的简易睡袋里；曾有几个抢匪让他心惊胆战；在最艰难的时候，他还在陌生的游民之家打工以换取住宿，等等。

就在他思考下次会不会碰到孤魂野鬼的时候，他抵达了恐怖角。让麦克兴奋的是"恐怖角"的本名。原来，"恐怖角"

这个名称，是 16 世纪一位探险家取的，本来叫 "cape faire"，结果在漫长的岁月中被讹传为 "cape fear"。这只是一个误会！这次独自旅行彻底改变了麦克。就像他自己说的："'恐怖角'这个名字的误会，就像我自己的恐惧一样。我恐惧的不是死亡，而是生命！"

看过麦克的经历，或许我们更容易理解罗斯福所言："唯一值得恐惧的只有恐惧本身，一种莫名其妙的、丧失理智的、毫无根据的恐惧，它把人转退为进所需的种种努力化为泡影。"

那些让我们感到恐惧的事物，本身或许并没有那么可怕，也不值得我们如此恐惧。真正困扰我们的，让我们感到痛苦的，是这种"恐惧"带来的体验。

恐惧是一种心理障碍，当我们选择对某一事物厌恶、躲避、害怕的时候，对这种事物的恐惧就已经形成了。换句话说，恐惧由心生，当我们相信了某一种事物是可怕的，才会有各种恐惧的表现。

02 控制自己对恐惧的生理反应

一位年轻的姑娘，十年前被车轻微撞伤，当时倒没有受多大的外伤，但双腿麻痹，根本无法站起来。后来，经过一番检查和诊治后，一位年轻的医生说她瘫痪了。女孩听信了年轻医生的话，立刻感到头脑空白，双腿麻木。从那以后，女孩真的再没站起来过，她整日坐在轮椅上，肌肉渐渐萎缩，变成了瘫痪人。

然而，五年后的某一天，坐在轮椅上的女孩再次被一辆人力三轮车撞倒，她突然觉得疼痛难忍。家人很难相信她能感到疼痛，因为她的腿已经多年没有知觉了。接着，她被送到一家大医院，经医院外科专家确诊，发现女孩根本没有瘫痪。

经过一段时间的物理治疗后，女孩竟然能重新走路了。当女孩再次站起来时，除了深感幸运以外，她还十分懊恼，别人说自己瘫痪了，就信以为真，若当初再试着去大医院接受检查，或者自己有勇气站起来尝试的话，那她就不会被他人的话左右了。

无独有偶，现实中还有与之相似的例子。

英国有一位名叫吉姆·吉尔波特的网球女星，曾经目睹了母亲去世的过程，这件事情成了她心里难以抹去的阴影。

吉尔波特年幼时，有一天，她的母亲感觉牙疼得厉害，就带着她一同去看牙医。医生当即决定给吉尔波特的母亲进行一个小型的牙齿手术。其实，吉尔波特的母亲早就患有心脏病，只是她一直都不知道。结果，在手术的过程中她突发

第六章 与内心深处的恐惧共舞

心脏病，死在了手术台上。

吉尔波特目睹了这一幕，幼小的心灵受到了巨大的打击。自那以后，每次牙齿有些轻微的疼痛，甚至是每次看到牙医时，她都会感到莫名的焦虑和恐惧。渐渐地，她把"牙"和死亡联系在一起了，以至于后来患上牙病，也不敢去找牙医。有一次，她实在被牙齿的剧痛折磨得难以忍受，才肯让牙医来寓所为自己诊治。

当牙医匆忙赶到吉尔波特那栋豪华寓所时，只见她紧张地坐在长椅上，看着牙医收拾手术器械的背影。剧烈的恐惧感让她睁大了眼睛，呼吸也变得急促。一切准备就绪后，牙医转过身来，却惊讶地发现，网球女星吉尔波特已经停止了呼吸。

这件事被曝光后，外界一致认为吉尔波特是被自己的意念杀死的。母亲的意外之死，让她弱小的内心变得不堪一击，不敢面对所有与牙病有关的东西，她不断地在用消极的意念暗示自己，最终被一个小小的牙科手术"吓死"了。

一位潜水专家讲过："如果一条海鳗咬住了我，我是一定不会拼命把手拉开的，相反，我还要跟着它走，即便它会把我拖到洞前，即便这令我胆战心惊。因为，海鳗一旦咬住了你，就不会轻易松口，你的反抗反而会让它咬断你的手，除非你顺从它，直到它自己愿意放口。"

对绝大多数人来说，不太了解海鳗的本性，被海鳗咬住的那一刻，都会本能地抽手，结果就会被海鳗咬断手。这也在提醒我们：对待任何的恐惧，想要成功处理危机情况，一定要控制住自己对事情的反应，冷静再冷静，认真地去分析事物，探究本质，不要把事情复杂化，无端地放大恐惧。面对恐惧时情绪越激动，就越容易受制于它。

03 尝试用驾驭的方式应对恐惧

假设你很害怕水，朋友知道学习游泳对你是有益的，很想帮你克服对水的恐惧。于是，朋友直接把戴着背浮的你扔进了游泳池，对你说："勇敢地面对你的恐惧，你一定能打败它。"

你觉得这种做法靠谱吗？能够帮你克服对水的恐惧吗？想必很难。

其实，这样的假设并没有脱离实际，很多人都认为，战胜恐惧的唯一方法就是迎头面对。可是，这样的做法并不值得提倡和实践，它可能会导致两种后果：第一，打击自信心；第二，影响身心健康。即便怕水的你，最后真的学会了游泳，可你会不会对游泳这件事产生抵触心理呢？你又会不会对这个朋友产生不信任感呢？

应对恐惧的三种基本方式

对绝大多数人来说，面对恐惧是一个痛苦的经历。心理学专家安

第六章 与内心深处的恐惧共舞

东尼·冈恩在《与恐惧共舞》一书中提到过，人们在处理恐惧时，通常会用以下三种方式应对：

1. 弱反应

弱反应者把恐惧看作是破坏性的，试图完全忽略它、无视它的存在。他们误以为，只要无视恐惧和恐惧带来的那些风险，那么一切问题就迎刃而解。这种假设让人产生了一种错觉，以为自己是安全的。弱反应者经常会把这样的话挂在嘴边："别担心""能有什么事""没什么可怕的"。

2. 过度反应

过度反应者经常感觉自己被无尽的恐惧包裹，内心焦虑不安，找不到任何解决方法，显得格外无助。他们仅仅因为猜想到可能会发生的最坏结果，就变得极端情绪化，丧失理智。他们经常说的话是："那太可怕了""我没办法解决""一切都会变得很糟"。

3. 驾驭恐惧

这是恐惧专家常用并推荐的方法，既不试图忽视恐惧，也不完全排斥恐惧，而是将其视为正常现象，以驾驭的方式寻求改变。他们会积极地聆听恐惧、利用恐惧，驾驭恐惧者最常说的话是："害怕是正常的""恐惧想告诉我什么呢""恐惧是一件好事"。

在应对恐惧时，不存在绝对的弱反应者和过度反应者，多数人都在两者之间摆动。有些人很恐惧坐飞机，但对车祸有关的恐惧反应并不强烈。安东尼·冈恩强调，弱反应和过度反应的分类，并不是为了划分一个人的性格，而是为了弄清楚当事人在面对恐惧情形时的行为。

情绪援救

因为人的行为会根据实际情况而有所不同。

概括来说，弱反应和过度反应是应对恐惧的两种消极方式，其共性就是试图利用逃避来打败恐惧。这几乎是不可能完成的任务，埋藏恐惧并不代表恐惧会消失，这只是暂时性的应急方法。所以，我们还是要学会用正确有效的方式去驾驭恐惧。

驾驭恐惧：改变对恐惧的看法

如何驾驭恐惧呢？安东尼·冈恩提出的方法是，把恐惧当成力量！

你也许会质疑，这可能吗？毕竟，感到恐惧的时候，总是会产生不适的反应。

事实上，有这样的疑惑是正常的。哥伦比亚大学心理学博士、恐惧研究专家斯坦利·拉赫曼指出：人们总是倾向于把恐惧和各种痛苦的经历联系在一起。这些痛苦的联想，也许是身体上受过的伤，也许是情感上体验过的羞耻感。

现在我们换一种方式去思考这个问题：无论是害怕承受身体上的痛苦，还是遭遇情感上的伤害，恐惧的出现都是为了保护我们，让我们预警，意识到有这样的风险和威胁存在。当我们把恐惧当成一种保护机制时，就会减少对它的厌恶与排斥。

至此，你可能就会理解安东尼·冈恩所说的"把恐惧当成力量"，其核心就是改变对恐惧的看法：你可以将恐惧视为不好的阻力，也可以将其视为能让自己获益的积极动力，不同的看法决定了不同的效果。

承认恐惧，不再耗费精力隐藏

假设你即将发表重要演讲，而你的身体却开始不受控制地产生恐惧反应。

此时，你越是极力地保持镇定，隐藏这份恐惧，恐惧反而会变本加厉，它会让你喉咙干涩、手心冒汗。面对这样的情形，该怎么去驾驭恐惧呢？

你要对自己保持诚实，接受自己为即将上台演讲感到恐惧的事实。不要故作镇定，隐藏真实的心理和生理反应。要知道，隐藏恐惧会耗费巨大的精力。你可以试着大胆地承认它、公开它，如此一来，那些被用来隐藏和无视恐惧的力量就会瞬间恢复。

完成了这个过程后，你会意识到每个人处在这样的境遇下，都会和你有一样的反应。重建了这样的认知，你在心理上就会获得极大的放松，也更容易集中精力去关注演讲本身，不再为逃避和隐藏恐惧而内耗。

04 分享你的恐惧，你会获得勇气

在感到恐惧的时候，很多人选择深藏于心，不会说出来，更不会向他人求助。

之所以会这样做，是因为多数人觉得没必要让别人知道自己的恐惧，也不想让自己看起来很懦弱，总想依靠自助来寻求解决之道。

自我疗愈没有错，真正的问题在于，许多人误解了自助疗法，认为自助就是独自一人处理好所有问题，独自面对恐惧，否则的话，就算不上"自"助了。

分享恐惧的重要性

要知道，隐瞒自己的恐惧，不愿与他人诉说，恐惧并不会消失，还可能会以其他方式出现，现实中由恐惧引发的焦虑症、抑郁症不在少数；更有甚者，还会因为恐惧危及生命。

战术应变小组是一支训练有素的警队，主要负责突围行动、打击恐怖袭击等突发状况。这个小组中的一位成员，曾经谈到与队友们分享恐惧的重要意义：

"在应战组，我们从不单独行动，总是全组一起出任务。如此，在行动的时候，我不用分心去留意背后的情况，这让我感到信心十足。我们都知道，彼此可以信任，且能够从对方身上获得力量。我们的工作非常危险，靠肾上腺素生存，每天处于生死攸关的境况，不知道今天是否就是生命的最后一天。所以，能够彼此分享恐惧对我们很有益处。

"那时候，我的孩子都很小，每次出任务时，我都害怕自己一去不回，让他们失去父亲。那让我感到恐惧，虽然这不像是应战组的风格。我们必须在面对危急的突发状况时，在前线保持无畏的形象，可其他警官和我一样，同样心存恐惧。很多人体会不了我们的恐惧，所以我们只能跟队友分享，同时知道他们也会恐惧，了解恐惧是正常的。分享恐惧，让我能够保持理智，控制恐惧，而不是被恐惧压倒。"

安全监控专家史蒂夫·凡·兹维也顿曾说："如果你和整个团队一起面对，事情就不至于陷入任何人必须选择逃跑或战斗的境地。"对我们而言，在生活中与信任的人分享恐惧，同样也可以帮助我们缓解压力，增强勇气。

如何分享恐惧？

当有人与我们一起分担问题时，一个问题就变成了半个问题。和信任的人分享恐惧，能够帮助我们缓解想要隐藏恐惧的张力；当恐惧通过语言表达出来时，可以让我们从不同角度完整地看清恐惧，深入地看待问题。

道理易懂，但多数人面对分享恐惧这件事，会遇到一个特别大的挑战——害怕谈论自己的恐惧。这是人们潜意识的反应，多数人都认为，只有弱者才会感到恐惧，分享恐惧会让自己显得很脆弱。

我们需要认识到，对分享恐惧感到不安是完全正常的，哪怕分享的对象是自己最信任的人。实际上，真的说出恐惧后，这份恐惧可能

情绪援救

就消失了，随之而来的是轻松和力量感。当你听到恐惧被大声说出来时，也会对自己的恐惧产生不同的看法。当然，除了用语言，你还可以用其他方式来分享恐惧，如写下来、录音等。

你可以与信任的人分享一个小恐惧，以此作为练习。加油，拿起电话，发送消息，或是面对面地跟对方交谈，分享你的恐惧，体验说出恐惧给自己带来的力量吧！

05 慢慢战胜对特定事物的恐惧

说起"杯弓蛇影"的故事，大家应该都不陌生。

晋朝有一位官员叫乐广，他曾邀请朋友到家里做客。有一位朋友不知何故，在那次聚会饮酒后，很久都没有再到访。乐广以为是自己招呼不周，怠慢了朋友，就找到好友询问原因。

一问才知，上次朋友在席间端起酒杯要喝酒时，突然看到杯子里有一条蛇，把他吓得不轻。只是，当着乐广的面又不好失态，就强忍惊恐喝下了那杯酒。那天回家后，他就生了一场大病，至今想起仍然恐慌。

乐广听后哈哈大笑，再次邀请好友来家里做客。这一次，同样的位置，同样的酒，同样的杯子，好友端起酒杯后，又见到了上次那条蛇。他十分惶恐，难以下咽，在一旁看着的乐广微笑不语，朝着好友头上的方向指。好友定睛一看，自己也笑了出来，原来他的头顶上悬挂着一张弓，弓影似蛇影。疑团揭开，好友释然了，长期困扰他的病也好了。

最初读到这个故事时，我们可能会笑话乐广的朋友太过胆小，没有弄清楚事实，就盲目地自己吓自己。但是，随着心理学的普及和发展，更多的朋友已经认识到，这不是胆小，而是对特定事物的恐惧，即没有明确的理由对特定物体或场合感到恐惧。

对特定事物的恐惧

人类有趋利避害的本能，焦虑和恐惧本就是对潜在威胁的一种预警。当危险或潜在危险发生时，人会本能地躲避和远离，继而出现对恐惧的相应场景或事物产生抵触的情绪和回避行为。当这种恐惧感被放大后，抵触和回避也会变强，于是对特定事物的恐惧就产生了。

其实，每个人在生活中都会或多或少地对不同的事物和情景感到恐惧和焦虑，比如：爬山的时候，特别害怕空中旋梯，不敢站在山顶往下看；特别害怕狗，远远看见小狗都紧张得发抖，甚至要绕路走；害怕水，或是有密集恐惧、幽闭恐惧……这些反应称不上心理学临床意义上的恐惧症，因为它并没有严重到影响日常生活。比如，有些人虽然恐高，不从高处往下看、离高层窗户远一点，就可以安然无恙；

情绪援救

有幽闭恐惧的人，坐不了电梯，但可以爬楼梯，只是费点时间和体力而已。

恐惧某些特定的事物是很正常的，避开刺激源是一种选择，但有没有更好的方法来战胜恐惧呢？心理学家证实，强迫暴露法和系统脱敏法，可以让我们内心的恐惧慢慢减退。

强迫暴露法

这种方法是让当事人暴露在自己认为的恐惧场景中，真实地感受到自己曾经认为的恐惧，并且意识到自己的恐惧是完全没有必要的，以此来达到战胜恐惧的目的。

女孩雯雯十分恐惧虫子，每次和家人或同学到郊外玩，她都会焦虑不安。后来，在母亲的陪同下，雯雯在山里试着观察虫子。一开始，她紧闭着双眼，身体都是紧绷的。母亲鼓励她睁开眼，雯雯眯着眼看见了地上的虫子，她惊恐万分。过了一会儿，她睁开了眼睛，看到那条虫子在地上趴着，似乎没有刚刚那么可怕了。不过，她还是很恐惧，但仍然坚持观察虫子。二十分钟过去了，雯雯觉得虫子似乎没那么可怕了。

这种方法会让当事人在短时间内感受到极大的恐惧，但只要克制自己停留在那个恐惧的场景中，经过一段时间之后，当发现自己所处的环境并没有想象中那么危险，恐惧感就会慢慢消退。这种方法并非尝试一次就能起效，有时需要连续几次，才能慢慢战胜恐惧。

系统脱敏法

这种方法的创始人是心理学家沃尔普，旨在逐一战胜让自己感到恐惧的事物。

1. 列出让自己感到恐惧的事物，把最恐惧的事物放在第一位，接着是第二恐惧的事物，以此类推。

2. 从最后一项，即只感到轻微恐惧的事物开始，在完全放松的情况下想象这件事，完全投入到这个场景中，直至恐惧感完全消失。

3. 继续倒数第二项事物，循序渐进地战胜所有的恐惧场景。

06 了解恐惧在大脑中的运行机制

克服恐惧感，不是凭借一句简单的"没什么可怕的""勇敢一点"就能解决问题。人的情感和行为都是受控于大脑，恐惧感也是一样。恐惧感由大脑中的几片区域共同控制，想要战胜恐惧感，必须了解大脑这几片区域的结构，知道它们是如何控制大脑的。

大脑中控制恐惧感的区域

1. 海马体

海马体位于大脑的左前方,形状类似海马,主要负责记忆和学习。人体的各个感官负责收集信息,然后把收集到的信息传递给大脑中的神经元,神经元又将这些信息传递给海马体。

如果海马体对这些信息有回应,它们就会被存储起来,形成瞬时记忆。在多次受到某种信息的刺激后,海马体就会长期保留这些信息,形成长时记忆。当人需要某段记忆时,海马体就会把它们提取出来;要是某些信息不常用,海马体就会将其删除。这种运行机制,不受人主观意志的影响。当海马体被切除后,人的长时记忆就会受影响。

2. 杏仁体

杏仁体是大脑颞叶中的一部分神经元组织,形似杏仁,与海马体紧密相连。人的左右脑各有一个杏仁体,它主要负责各种情绪,如恐惧、焦虑、愤怒等。科学家曾在动物身上进行过实验:当猴子的杏仁体被麻醉后,把它跟蛇放在一起,原本害怕蛇的猴子,对蛇失去了恐惧感,甚至敢触碰蛇;就连曾经被蛇咬过的猴子,也出现了这样的情况。

3. 大脑皮层

大脑皮层是人脑中功能最高的区域,分为几个部分,前额叶皮层就是其一。额叶负责人的高级认知，包括思维、语言、运动等，且能够向人的身体发出指令。当人的前额叶皮层受到损害，短时记忆就会受到影响，人也变得行动迟缓。

上述的三个区域就是大脑中与恐惧感相关的部分，它们在调控人的恐惧时是相互配合的。人通过视听感官发现外界的危险事物，然后将这一危险信号传递给杏仁体，杏仁体对人的感官发出警报——要多加小心！杏仁体无法判断是否真的有危险，此时海马体就要在存储的信息中搜索与之相关的内容。如果确认没有危险，负责指挥的大脑前额叶皮层就会解除警报；如果确认有危险，前额叶皮层就会作出决定——要多加小心！

这个时候，人的身体和情绪就会产生一系列的恐惧反应，如：心跳加速、手心出汗、全身紧张、想要逃跑等。有些时候，海马体与大脑前额叶皮层没办法阻止杏仁体发出危险警报，那么人的恐惧感就会表现得格外强烈，甚至会做出错误的判断——这太可怕了，我还是逃跑吧！此时，人的恐惧感是失控的，这也是形成病态恐惧或恐惧症的一个重要因素。

现在，我们已经知道，大脑中与恐惧感相关的区域有海马体、杏仁体和大脑前额叶皮层。在这三个区域中，杏仁体与恐惧直接相关，海马体负责检索记忆，前额叶皮层调控人的行为。科学研究证明，如果改善这三个区域的功能和它们之间的关系，可以有效地克服恐惧感。

情绪援救

07 【实践课堂】：信念疗法，改变大脑结构

当杏仁体不受控制地发出警报信息，而大脑前额叶皮层又无法叫停它时，恐惧感就会泛滥。此时，杏仁体的势力比大脑前额叶皮层更胜一筹，想要控制恐惧感，就要想办法让大脑前额叶皮层在势力上压倒杏仁体。

大脑之间的神经元是靠突触连接的，如果两个突触经常受到刺激，彼此间的联系就会被强化；如果两个突触受到的刺激不强，彼此间的联系就会弱化。当杏仁体到大脑前额叶皮层的连接，远多于比前额叶皮层到杏仁体的连接时，恐惧感就会加强。所以，要克服恐惧感，就得改变两者之间的关系，让前额叶皮层向杏仁体的连接增多。

怎样实现大脑前额叶皮层与杏仁体之间的结构变化呢？

目前，被证实有效且简单可行的方法就是——信念疗法，即当恐惧感来袭时，用正确的信念战胜恐惧。经过多次训练，刺激大脑前额叶皮层向杏仁体的连接，促进两者之间的关系朝着平等的方向发展。简单来说，就是用正确的信念替代原有的错误信念，让积极的想法压过恐惧的想法，通过多次重复，让前额叶皮层的力量超过杏仁体，从而克服恐惧感。

与恐惧相关的常见信念

恐惧来自我们消极、负面的态度，而这种态度是由信念决定的。

下面是一些与恐惧相关的常见信念，它们不仅会影响人的自尊心，还会制造恐惧感。

○ 我不行！

○ 我是胆小鬼！

○ 我做不到！

○ 我很丑！

○ 我不够好！

○ 我真没用！

○ 我不如别人！

○ 我软弱无能！

○ 我不能去做我认为正确的事！

○ 我必须按照别人说的做！

○ 我不能让别人失望！

○ 我必须表现得很好，否则会受到惩罚！

这些信念看起来不尽相同，但都与恐惧的基本形式有关，那就是——我害怕失去控制、我害怕被拒绝、我害怕失败！这些基本形式制造了所有的基础恐惧，而这些恐惧又反过来制造了恐惧时间和其他破坏性的感觉，如愤怒、羞耻、焦虑等。

重建信念

触发行为的不是恐惧的事物本身，而是我们内在信念的投射。"我一文不值"是一个负面信念，这个信念是已经被你内化的思想。你从来没有质疑过它，所以这个信念就成了一种态度、一种确信，并最终成为你感知世界和自己的方式。

这个世界上没有谁是一文不值的，现在，你可以选择与这些消极信念完全相反的 4 个积极信念，或尝试着写一下：

○ 我很有价值。
○ 我值得被善待。
○ 我可以做得很好。
○ 我看起来很不错。

尝试理解这些积极的信念，就像内化原有的信念一样，你也可以内化新的信念。平日里，多想想这些信念；遇到问题时，强化这些信念。当你开始相信你的新信念，那么你就将发生转变。

08 【自由练习】：和恐惧做朋友

电影《毕业生》的插曲中这样唱道："你好黑暗，我的老朋友。"

歌词告诉我们，要靠近恐惧，勇敢地面对恐惧，把恐惧当成朋友，这是控制恐惧带来的生理反应的一种方法。当我们无条件地接受恐惧，会更容易驾驭恐惧。

第六章　与内心深处的恐惧共舞

✏ 接受恐惧时的不适感

在面对恐惧的状况时，我们都会感到不适，并想方设法地摆脱它，因为这些生理反应会让人虚弱无力、无法控制。遗憾的是，越是试图反抗、阻止这些恐惧带来的生理反应，越让这些反应变得更强烈。和恐惧成为朋友的第一步，就是要接受恐惧带来的不适感。

一位独自完成环球飞行的朋友分享说："你必须感激恐惧，因为每当你面对新挑战感到不适时，你就正在成长。不要讨厌这种不舒适的感觉，要学会热爱它，因为它是你成长的标志。我喜欢飞行中恐惧的感觉，因为如果不是挑战，就不会有恐惧，也就不可能那么刺激。"

✏ "享受"恐惧

恐惧可以深深地伤害我们，但只有当我们不给它应有的尊重时，它才会这么做。如果我们试图赶走恐惧的生理反应，把恐惧驱离得远远的，结果只会落得身心俱疲。因为，把恐惧的生理反应甩开，远比拥抱它们更费心力。

恐惧的生理反应令人不舒服，但我们尝试换一种方式对待它，以享受和鼓励替代抗拒与排斥。这个技巧简单有效，它可以让我们获得一种重新掌控这些生理反应的感觉。

当我们对演讲感到心跳加速时，可以向心脏发出挑战："来吧，心脏,跳得更猛烈一些吧!"当我们双手颤抖时,也可以这样挑战它们:"来吧,双手,颤抖得更厉害一些吧!"

现在,请你想一个相对轻微的不敢面对的情况。在面对这种情况前,你决定如何看待它?你准备对恐惧感带来的生理反应说些什么?

_____

_____

第七章

正确应对生活中的压力

01 从心理压力到心身疾病有多远?

窗外华灯初上,窗内寂静无声,只剩下独自加班的乔伊。

乔伊望着繁华都市的灯光,忽然觉得心生悲凉。她是公司里的业务精英,每天中午永远都不能按时吃饭,晚上永远都不能按时下班,还要全国各地跑客户,一天飞两个地方也是常有的事。每天从睁开眼的那一刻,就有一堆事情等着她处理。

前几天,乔伊刚签了一个大单,领导赞赏,同事羡慕。然而,这兴奋的劲头儿,比之前三个月的辛苦奔波,显得微不足道。没有人知道,她曾多少次陷入绝望中,有多少个夜晚带着想要放弃的念头入睡,第二天起床时却又不得不给自己打气。

公司里新来了两个年轻女孩,每天把自己打扮得漂漂亮亮,下班后不是去约会,就是找地方跟朋友聚餐。乔伊想到自己,除了银行卡里的数字稍多了一点以外,还剩下什么?聚会推掉、书籍搁置、年假作废、睡眠牺牲、玩乐罢免……没时间陪老人、陪孩子,也没时间照顾自己的身心,镜子里的那张脸早就没了昔日的润泽，喝完中药出门奋斗，回家后再喝中药睡觉……机械的生活没有快乐，只有责任与付出。

有人会认为乔伊是得了便宜卖乖，但乔伊真心觉得：银行卡里的奖金提成，在无人分享快乐或痛苦的状态里，完全丧失了意义。

在公司里做业务主管四年了，乔伊疲惫不堪或几近崩溃的时候，她经常会想起没做主管时的自己。每天清清爽爽地活着，爱笑，爱玩，敢说敢做，见不得逢场作戏。而如今，为了得到领导的信任，为了得到同事的认同，为了得到客户的满意，为了一再要求的业绩，乔伊变得愈发不苟言笑。这种强势的职场作风，被她不自觉地带回了家，跟爱人相处时，她也是说一不二，否则就大发雷霆……想到这里，乔伊的眼泪夺眶而出。她真的厌烦了，也有点扛不住了，紧凑的工作节奏和巨大的工作压力，就要将她吞噬。

乔伊知道，是时候让自己停下来了。

有位心理学老师说："住在神经内科的人，虽然是因为生理疾病住院，但也应该去看看心理医生，对于疾病的治疗和预防有很大帮助。"这番话不是凭空说的，因为许多身体和心理上的疾病，都是由过度压力引起的。

压力

人活世上，必然要接受生活的变化和刺激（无论好坏），当某件事情的刺激打破了有机体的平衡与负荷能力，或者超过了个体的能力，就会产生压力。简单来说，压力就是个体在心理受到威胁时产生的一种负面情绪，同时也会伴随一系列的生理变化。

格拉斯通曾经提出会给个体带来明显压力感受的9种类型的压力源：

○ 就任新职，就读新学校，搬迁新居

○ 恋爱或失恋，结婚或离婚

○ 生病或身体不适

○ 怀孕生子，初为人父人母

○ 更换工作或失业

○ 进入青春期

○ 进入更年期

○ 亲友死亡

○ 步入老年

适度的压力，并不是一件坏事，它能够促使我们不断地提升自我，让生活变得更充实，让人生变得更有意义。心理学研究表明，早年的心理压力是促进儿童成长和发展的必要条件，经受过生活压力的人将来更容易适应环境；如果早年生活条件太好，没有经历过任何挫折和压力，心理承受能力与环境适应能力就会凸显不足。

警惕压力过度

压力本身并不必然导致身心健康异常，真正伤人的是长期的、过度的心理压力。

心理学家曾经做过一个实验：把一只猴子的双脚绑在铜条上，进行弱电击，但只要猴子拉下旁边的电源开关，就会停止电击。再后来，通电前会有红灯亮起，猴子对其建立起了条件反射，尚未通电前，看到红灯亮起，立刻就拉下开关。

随后，心理学家放了第二只猴子进来，把它和第一只猴子串联在铜条上。隔一段时间，就会亮起红灯、通电，每天持续6小时。第一只猴子高度集中注意力，一看到红灯就赶紧拉下开关；第二只猴子不知道红灯代表什么，每天正常生活。

二十几天后，第一只猴子死掉了，死于严重的消化道溃疡。在实验之前，研究人员对它进行过体验，健康状况良好。可见，这个病是在近二十天得的，致病原因就是它每天精神紧张、担惊受怕，承受着巨大的压力，导致消化液与各种内分泌系统紊乱，因而得了溃疡。

这样的情况不仅仅会出现在猴子身上，当一个人长期处在压力之下，身体中的皮质醇就会分泌过量。关于皮质醇的功能，我们在前面的内容中提到过——在外界压力突然出现的短时间内，迅速提升人体的生理和行为反应，以适应特殊环境的变化。如果皮质醇调节失常，心理问题就会通过生理方式呈现出来，导致一系列的生理异常，如血压升高、消化功能遭到破坏、身体疲劳、注意力减退等。

不仅如此，压力也会影响个体的人际关系和日常生活，如：对家庭的关心减少，没有耐心引导子女，不愿意出门活动；化悲愤为食欲，或是抽烟、喝闷酒，等等。所以，当意识到自己背负的心理压力过大时，千万不要小觑，也许就是一个不经意，心理压力就滑向了心身疾病。

02　与压力共处是人生的必修课

面对压力的时候，不少人的第一反应是厌恶，想要把它彻底清除掉。

徐思思因神经衰弱住进了医院，躺在病床上的她，终于意识到了自己的"问题"所在：一直以来，她给自己设定的要求太高，期望也太高了。她决定，出院之后要好好过一段"无压"的日子。

时隔一个月后，徐思思辞掉了原来的工作，上午在家里听音乐、听书，研究一下美食；中午去外面散步或健走；晚上写写书法，跟朋友打电话聊聊天。这样的日子，大概过了半年多，徐思思就开始出现抑郁情绪了，因为这种生活只是看上去诗意，但作为一个30岁出头的成年人来说，好像有点儿"悠闲过头"了，用"无所事事"来形容也不为过。

为了避免负面情绪恶化，徐思思又开始寻找新工作，逐渐让生活回归正轨。当然，她也没有忘记提醒自己，遇到问题不要对自己太苛刻。

正确应对压力

徐思思的做法，其实比较有代表意义。很多人对压力的认知都存在误区，一提到压力就自动连接到消极和焦虑上，越是惧怕，越想消除，结果却适得其反，在原有的压力之上，又产生了新的压力。正确应对压力的方式，不是去消灭它，而是从认知上调整对"压力"这个现象本身的焦虑，学会与压力共处。

其实，谁不是生活在压力之下呢？人生的哪个阶段又会完全没有烦恼呢？终其一生，我们都无法消灭压力，负重而行自然会辛苦，但没有负重的人生也未必轻松惬意。没有了压力和负重，也就无所谓责任，更难以体会到问题解决后那份如释重负的快感。

作家刘墉在谈到人生时,说过这样一番话:"面对人生的起起落落,人生的恩恩怨怨,都能冷冷静静一一化解,有一天终于顿悟,这就是人生。"

面对压力这件事,我们要坦然地接纳,它就是生命和生活的一部分;对于压力带来的紧张情绪,我们要学会调适,为自己树立切实可行的目标,切断那些把情绪带入深渊的欲望,在豁达与变通中,与压力共舞。

与压力共处的三个法则

与压力和平共处的方法有很多,究其根本而言,主要遵从三个法则:

1. 减少压力源

生活中有很多压力是不必承担的,比如:太过争强好胜,不懂得拒绝他人,对自己的期望不合理、太过在意他人的看法,等等,这些都会给内心带来压迫感与紧张感。

对于这样的压力源,就要进行人为地干预,不要凡事都揽在自己身上,要适度表达和满足自己的需求,不要承担超过自身能力限度的任务。

2. 提高自我效能

所谓自我效能,就是个人对自己能力的判断,对自己获得成功的信念强弱。

高自我效能的人，有信心应对压力，会把压力视为挑战而不是威胁。在遇到挫折和困难的时候，不会自暴自弃，懂得自我调适。低自我效能的人，会把压力视为威胁，由此感到惊慌失措，很容易被压力打倒。

自我效能的高低与个人经验、受教育水平等有关，努力学习技能、多积累正向经验、接受自身的缺点、学会自我赏识和自我激励，都是有效的措施。

生活从来不会变得容易，如果有一天它显得"容易"了，也是因为我们自己变得强大了。

3. 掌握应对方法

逃避，永远只是暂时躲开压力的威胁，迟早还是要面对。只有掌握积极有效的应对方法，才能从根本上解决问题。具体来说，面对压力的反应，我们在解决策略上有两种取向：

其一，情绪焦点取向。情绪焦点取向，就是控制个人在压力之下的情绪，事先改变自己的感觉、想法，专注于缓解情绪冲击，不直接解决压力情境。

其二，问题解决取向。问题解决取向，则是把重点放在问题本身，在评估压力情境的基础上，采取有效的行为措施，直接解决问题，改变压力情境。

具体要怎么操作，要看当时个人的状态和处境。如果说，问题一目了然，只要采取行动，就能消除紧张和压力，自然就可以直接选择问题解决取向。如果个人的情绪很糟糕，脑子一片空白，根本想不出解决问题的办法，那不妨先调整情绪，再去解决问题。

03 也许,你该找个人聊聊

那一跃,所有的年华,所有的故事,都随着尘埃飘散了。她离开后不久,家人在她的枕头下发现了一瓶安定,还有一个破旧的日记本,日记本上零零碎碎地记录着她的遭遇。

女孩说,她其实早已厌倦了生活。奔波在大城市里,没有丝毫安全感,每天戴着面具做人,剩下的只是疲惫。与上司相处要察言观色,处处小心;与同事相处要谨言慎行,生怕得罪了谁;与客户相处要热情洋溢,就算受委屈也得笑脸相迎。每天遇到各式各样的人,遇到错综复杂的事,有失意,有痛苦,有愤懑。许多话不知该向谁说,也不知有谁值得相信,憋闷在心里久了,就变成了对生活的厌弃。

在浮躁而复杂的世界里,她那颗脆弱而装满压力的心,承受不住生活的重量,就做出了极端的选择,用结束生命来结束这一切。痛心的事发生后,周围知道她的人不禁扼腕叹息:姑娘,你心里那么苦,为何不肯说出来呢?

真正的强大,不是把所有的情绪都默默地装在心里,所有的事情都扛在自己肩上沉浸于苦难之中,而是在任何境况下,都能够让自己保持最佳的状态,与外界的阴晴雨雪和平共处。当变故如潮涌般袭来时,要勇敢地敞开心扉,给这些压抑的情绪找一个出口。

倾诉是一扇门，你把它打开，心中的快乐和悲伤就能够自由地流淌；倾诉是一面镜子，能够照得见别人，也可以看得见自己。不过，倾诉和宣泄也是要讲对象和方式的。

倾诉要点1：找对可以倾诉的人

当你感觉内心承受的压力过大时，要学会适当地倾诉，但前提是"找对人"。

有时给我们造成心理压力的恰恰是难以启齿的问题，所以我们需要选择一些真正关心和理解自己的朋友去倾诉，确保倾诉之后不会闹得"人尽皆知"，给自己带来更多的麻烦。

如果身边没有这样的知己，陌生的网友或心理咨询师，也可以作为倾诉对象，因为彼此之间没有生活交集，既能有效地让自己缓释压力，也不必担心"秘密"被泄露。

倾诉要点2：别把倾诉变成抱怨

找到了倾诉对象，不要没有节制地把心里的"垃圾"胡乱倾倒，反复地抱怨。如此一来，不管对方和你关系多么亲密，他也难以忍受。因为负面的情绪是会传染的，影响到对方的情绪和生活，你的倾诉就成了骚扰。特别是家庭琐事，别人未必能够与你产生共鸣，你的喋喋不休只会惹人厌烦。

倾诉要点 3：不过分放大困难

每个人都会遇到困境，不要人为地放大困难，陷入其中不可自拔。沉溺在苦难中，就如同将心灵置于垃圾堆中，它会毒化心灵，使心灵失去光泽。如果你找不到一位令自己感到安全的听友，那就要试着其他倾诉的办法，比如找心理医生，或把坏情绪写出来，发到私密的网络空间，或说给陌生的网友，这些都能够帮你倾倒出"心灵垃圾"。

04 工作与生活是相辅相成的

初入职场的女孩素素，为了尽快熟悉本职工作，经常在上班之余进修各种技能。靠着这股子勤奋和韧劲儿，几年下来，她很快就从小职员升职为总裁助理。薪水涨了不少，深得总裁信任，可她却没觉得生活多么美好。

每天早上六点半，伴随着闹铃，匆匆地起床洗漱，带好东西走出家门。其实，从家里到公司也就不到一小时的路程，但她每天都提前半个多小时出门，总是担心堵车，担心会有什么意外。几年来，除了生过一场大病休息了半个月，其他时间都在上班前二十分钟打卡。

现在，她升职了，更觉得自己得做个榜样。走进办公室，看看列好的计划表，打电话，发邮件，处理总裁不方便接听的电话。中午休息时，她很少出去，经常叫外卖，认为这样能节省时间。每天离开公司时，基本上就剩下自己了。打车回家后，简单地吃点晚饭，就开始琢磨第二天的计划表。睡前定好闹铃，给手提电脑和手机充电，她想着万一早上有事，还可以在出租车上办公。

她很少给父母打电话，也很少跟朋友出去聚聚。周末除了到超市采购，其他时间都在忙着做计划。散步、旅游，跟她似乎没有一点儿关系。有时，她觉得累得实在不行了，就自己跑到歌厅里唱歌发泄，回来继续忙碌。工作压力和过度的劳累，使她的身体免疫力开始下降。唯一欣慰的是，在别人眼里，她很优秀，她是总裁最得心应手的助理，也是朋友圈里被人艳羡的"金领"。

她内心很痛苦，很煎熬，却不知道该怎么办？

作为旁观者，我们不难看出：素素已经把忙碌当成了生活的基调，把工作业绩当作自我价值的体现。她努力维护自己给人留下的"优秀"印象，别人的艳羡是她在痛苦中继续支撑的自我安慰。从性格上说，她凡事争强好胜，不肯服输，事事都想走在前面，无形中就给自己设定了高标准，也背上了沉重的压力。

第七章　正确应对生活中的压力

在浮华而充满紧迫感的世界里，忙碌绝不是素素一个人的特有状态。事业与家庭的双重压力，衣食住行的种种开销，寻求自我价值的实现，一系列的因素潮涌而来，让现代人的心难以淡定地安享生活。更有甚者，已经患上了压力上瘾症，一旦抽离了这样的状态，反而会惴惴不安。

设置工作与生活的界限

哲学家奥修说："生命最完满的存在，是做我们自己。"

工作与生活是相辅相成的，没有孰轻孰重。如果感到"两败俱伤"时，就要思考是不是没有平衡好两者的关系？那么，该怎样设置工作与生活的界限呢？

1. 了解你的核心价值

拿一张纸，写下对你来说最重要的五样东西，可以是具体的人和事，也可以是形容词或名词。接下来，每次拿掉一样你认为可以割舍的，即便很困难，也要遵循规则。最后，只剩下一样，看看它是什么？

这个游戏，是一个内心体验过程，它可以帮你了解你的核心价值是什么？让你先失去，而后在失去中体验——什么是你最看重的东西？

2. 工作再忙心不要忙

人的精力有限，不可能永远处于忙碌的状态。对工作要热情、要积极，但在工作之外，要尽情地放松，在生活中发现乐趣。比如：利用节假日和朋友垂钓、和家人郊游、和爱人谈心，都不失为享受生活的好方法。在忙碌的日子里，要努力做到"工作再忙心不忙，生活再苦心不苦"。

3. 遏制工作情绪蔓延

工作中的困难和压力势必会给心灵带来焦躁，但请记住，不管有什么烦恼，都不要把它延伸到生活中。离开办公室时，就把工作情绪锁在那里，回家后让自己放松下来，跟家人、朋友欢度属于你的自由时光，做你想做的事。

05 每天留出一点放松的时刻

赵先生有一份不错的工作，但因为不甘一辈子平庸，利用业余时间做起了品牌代理。就这样，他既要忙单位的事，又要处理自己代理的品牌，就像一个高速运转的机器，每天都在超负荷地工作。

数年后，赵先生有了属于自己的房子，也有了一定数额的存款，可因为终日奔波劳碌、身心交瘁，才三十几岁的他，比实际年龄苍老得多。如果仅仅是显老，那还不要紧，令人担忧的是，他因为长期神经高度紧张，患上了神经衰弱症，

第七章 正确应对生活中的压力

动不动就头疼。

为此,他看了好几位心理医生,可情况并无好转。晚上,他服下安定类药物之后依旧抱着电脑。长期合作的老朋友劝他,每天找一件琐事来做,做的时候要全心全意专注于此,其他任何事都别想。

赵先生笑着说:"你这不是开玩笑吗?我现在都想不出自己有什么琐事可做。我感觉自己的事都很重要,就连打高尔夫球都是商场心理战。午饭、晚饭不用说了,都是为了应酬。不夸张地说,有一天早上我开车来公司,坐在办公室的位子上,我都想不起来自己究竟是怎么把车开过来的?脑子里这种空白越来越多。"

老朋友叹了口气说:"这才是问题的关键啊!我年轻的时候,靠着自己借来的两万块钱,开了一家小店。后来,生意越做越大,压力也越来越大,和你现在的状况差不多。我跟一位前辈诉苦,他却给我讲故事。

"'二战'时期,德国法西斯攻打英国,伦敦经常是火海一片,轰炸声不绝。可在这紧要关头,丘吉尔竟然坐在沙发上织毛衣。这件事传了出去,许多英国人不理解,抱怨他是一个不称职的首相。后来,人们才知道,丘吉尔之所以织毛衣,那是他独特的休息方式和自我放松术。他指挥着百万大军,管理着战乱中的国家,精神处于高度紧张的状态,他把仅有的一点空闲时间用来织毛衣,就是想分散自己的注意力,让精神得到放松。试问,与之相比,你还不能吗?"

说完这番话,老朋友看到赵先生的书架上方摆着一盆绿萝,便说:"你每天抽出15分钟的时间,好好照顾这盆绿萝,给它浇水,清洗叶子。坚持一个月,你看看自己会有什么变化?"

果不其然,一个月以后,赵先生明显感觉自己的状态有了好转。

我们生活在一个忙碌的世界,不安的因素环绕在身边,脸上和言谈中随处都显现出一种莫名的严肃。紧张,似乎已经成了生活和工作的基调,许多人只懂得接受,却不知如何调节,任由它侵扰内心,制造压抑和束缚。

当然,生活中也不乏智者,能够控制紧张,就像看电视一样,能开能关。需要专注的时候,精神高度紧张;需要放松的时候,就从紧张中释放出来,把所有压力排除。

那么,有哪些方法能够帮助我们实现"片刻的放松"呢?

全身放松法

当精神高度紧张时,全身的肌肉都会绷紧,会消耗大量的精力,久而久之,会导致身心疲惫。所以,要释放紧张的情绪,不妨尝试一下全身放松法。

集中心力,从眉毛、下巴、嘴唇、喉咙,然后肩部、双手、腹部与大腿，一直到脚部，慢慢放松。这与冥想类似，你可以假想一切都是自由自在的，让肌肉全部放松，坐在椅子上，想象全身没有力气，让椅子承受自己的全部重量，肌肉不必担负任何重量。

坚持两分钟，你会发现身体释放出了许多负能量。

安静地自语

当我们一直说紧张的事时，往往会变得更紧张，说话的嗓音也会变大。因为语言可以映射出思想，而思想也决定着语言，两者是相互影响的。当你感到紧张时，不妨让自己说话的语速慢下来，尽量使用平静的语调及字眼，静静地安抚自己，这样可以让紧张的情绪得到缓和。

写出担忧

美国的医学专家曾经对一些患有风湿性关节炎和气喘的人进行分组，一组人用敷衍的方式记录他们每天做的事情；另外的一组被要求每天认真地写日记，包括他们的恐惧和疼痛。最后研究人员发现：后一组的人很少因为自己的病而感到担忧和焦虑。

当你感到紧张不安的时候，尝试写一篇宣泄的日记，或找知心的朋友聊聊，都会让你觉得舒服一些，减轻心灵的孤独感和无助感。

亲近植物

澳大利亚的一些公园里，每天早晨都会有不少人拥抱大树，据说他们在用这种方式减轻心理压力。相关人员研究发现，人在拥抱大树时可以释放体内的快乐激素，与之对立的肾上腺素，即压抑激素则消失。所以，当你感到紧张或不顺心时，不妨找个清净的地方，伸开双臂去拥抱大树两三分钟，感受一下植物的神奇力量。

06 偶尔为自己按下"慢放键"

林枫是一家公司的业务经理，经过近十年的努力打拼，也算是在北京城里站稳了脚跟，终于在郊区有了一套属于自己的房子。前几年的日子还算好过，初出茅庐的他都是在学习、积累经验，虽然工作挺辛苦，但毕竟自己一个人生活，压力还不算太大。四年前，他结婚了，婚后第二年有了孩子，尽管事业上有了一定的起色，可身心承受的压力却比从前大了N倍。

身在业务经理的位置，对工作他丝毫不敢懈怠，生活节奏也比从前快了许多。起初，他还觉得忙一点日子很充实，可时间长了，心里就产生了紧张、沉重、不安和焦虑。

比如周五，他6点钟起床，6点半离开家去单位，不管春夏秋冬都是如此。9点钟他要跟老总一块去谈判，中午12点陪客户吃饭商谈，下午2点还要回公司布置周末促销活动，晚上向老总汇报下个月的工作计划，11点以后才能回家休息。他的生活，像是上足了劲的发条一样，被各种事情塞得满满的。

那天晚上，林枫走出公司大门时，外面的行人已经很少了。等了许久，也没等到一辆出租车。他慢慢地在路上走着，呼吸着雨后的新鲜空气，顿时觉得心里有种久违的平静。他想起大学毕业前的最后一晚，也是一个雨夜，几个要好的同学在外面感受淅淅沥沥的小雨，暗喻着他们即将接受人生风雨的洗礼。那一晚，他们心中对未来充满了向往和期待。从那以后，他再没有好好享受过雨夜，也没留意过雨后的天空。工作之后的他，一直努力地向前奔跑着，从未停下脚步看看路旁的风景，更没有回过头审视来时的路，目标似乎总在前方，工作也总显得太忙，他奔跑的速度也越来越快……

当伫立在空旷的街头，他突然想起大学时看过的一位日本餐饮巨头总结的成功之道：在其连锁店中提供给顾客的，永远是17cm厚的汉堡，4℃的可乐。相关研究人员发现，这是令客人感觉最佳的口感。其实，他可以选择把汉堡做成20cm，也可以把可乐加热到10℃，但那并不是它们的最佳口感。

他联想到了生活。对于幸福，其实也只要17cm和4℃就够了，快乐是一路上持续发生的，就像这个雨后清新的夜晚，带给自己宁静与平和，扫清了白天里的疲惫和压力。想起明天的工作，想到未来，他的心突然不那么紧张了，他决定放慢脚步，不再去追求"过快的速度"和"过高的温度"，扔掉那些不切实际的想法，聆听内心的声音。他相信，生活慢一点也无妨，慢下来的日子，或许能够把最初那份平静重新找回来。

为了生活，我们都在马不停蹄地奔波，即使在休息的时候，也会不由自主地回到工作时的忙碌状态。我们都以为，快一点儿就能让生活变得更好，可英国音乐家约翰·列侬却说："当我们正在为生活疲于奔命的时候，生活已经离我们而去。"

稍微慢一点儿，不会助长懒惰，不会影响事业，它是一种随性、细致、从容地应对世界的方式，会使我们明白心灵真正的需要，让灵魂追得上充满干劲时的步调。如果身体和心灵已经累得无法喘息，试着给自己按下"慢放键"吧！

✎ 慢时刻

尝试拿出一个小时，放慢自己的生活步伐。比如：每天午餐之后的那一个小时，别再把时间用在删除电脑上的工作列表，看看工作完成了多少，焦虑紧张不已。

跟自己来一次约会，好好计划一下，是看看轻松的文章，还是听一会儿音乐，或者扪心自问：我有能力慢下来吗？照顾好自己难道会让你有负罪感吗？听听内心深处的声音。

慢体验

时间和生命的把握在于自己，你可以把时间当成一种投资，来一次思维体验。

假设把明天空出来留给自己，你不妨想一想：早上起来是什么情景，中午做些什么，自己想去哪儿，下午半天要怎样度过？这里，没有所谓的目标和目的，你可以做你想做的事情。进行这样的一次体验，也许只要几分钟就好，但它可以让你的思绪慢下来，静下来。

慢心境

诺贝尔文学奖得主鲁德亚德·吉卜林在送给前去参军的儿子的诗歌《如果》里写道："如果在众人六神无主时，你能镇定自若而不人云亦云，这并不是件容易做到的事情，但慢下来并不意味着你在偷懒。"

当压力剧增时，试着让自己的心保持平稳和从容，不要盲目地加速再加速，要知道，欲速则不达，从容不迫会让问题更好地得到解决。同时，这也是磨炼心性的一种方式。

07 如何有效地减轻时间压力

在深圳打拼的浩楠，每天从早到晚处于各种忙碌中。

清晨起来，忙着挤公交、挤地铁，在茫茫人海中挤出一席之地；到了公司，忙着工作，对着电脑码字，苦思冥想做方案，打电话约见客户，处理各种琐事；下班之后，忙着交际，忙着应酬。一周匆匆而过，却没有时间给父母打一个电话。

偶尔愣神儿的功夫，浩楠会觉得很迷茫：自己每天像陀螺一样，到底在忙什么呢？折腾了好几年，生活上没什么大变化，可心里的压力却越来越大，甚至都难以承受。这样的念头也只是一闪而过，回过神之后，他便开始安慰自己："趁着年轻，拼命往前赶。"

可是，事情往往是这样：越着急，越出岔子。有一次，他蒙头苦干了半天，结果电脑按错一个键，所有的资料不见了，气得他恨不得把电脑砸了；还有一次，好不容易赶出来的方案，一做报告才发现，有个致命的错误在里面，辛苦半天却换来一顿指责。

无休止地忙碌，没有成就感的茫然，让浩楠对生活、对自己都很失望。

朋友见他愁眉不展的样子，约他周末一起爬山，想让他放松一下。或许是压抑太久了，到了目的地，浩楠就急急忙

第七章　正确应对生活中的压力

忙地往前跑，根本没看地图，结果走岔了路。如果走慢点，走得不太远，返回去还是容易的，可他已经距离目的地很远了，要回头实在太辛苦。朋友无奈地笑道："你呀，干什么都匆匆忙忙。这还没弄清方向，也没算计好时间，你就拼命地赶。你就没想过计划计划？"

这番话似乎点醒了浩楠，他回想起上次在工作中犯的那个致命错误，当时就是因为任务太急了，脑子紧绷着弦，根本没静心思考斟酌过。现在想来，越是有时间压力，越不能急，要多花点时间整理思绪，再真正开始全力赶工，肯定可以轻松准时完工，还不至于出现致命的错误。

这次爬山事件过后不久，浩楠接到了一项新任务：为某品牌做市场调查。他需要先做一份调查问卷，但因为这个品牌是新出的，浩楠并不太了解，所以如何设计问卷就成了一个棘手的问题。主管顾不了那么多，一直催问浩楠要结果，声称时间很紧张，不能因为不熟悉这个品牌就影响整体的上市进度，并提出浩楠用一天的时间拿出这个问卷的初始设计。

巨大的压力和焦虑又袭来了。可这一次，浩楠一直提醒自己要冷静，过往的经历告诉他，越着急越容易错。静下心后，他想到了一个办法：用半天的时间收集市场上与这个品牌相近的产品广告、宣传册等资料；接着，他又找到设计这个产品的部门，向他们了解产品的设计思路、销售对象、价格等。做完这些，他又花半天的时间进行整理、设计，终于在下班前把问卷交到了主管手里，主管对他的工作成果也颇为满意。

事后，浩楠总结出一个规律：在重要的事情上，不能因为时间紧张就着急。要先找对方向，按部就班地走，避开马虎草率。这样做事最为稳妥，也更有条理，避免在中途出现岔子，增加额外的压力。

减轻时间压力的方法

浩楠针对自己的情况做了分析和总结，找到了减压之道。如果我们在生活中遇到了时间压力，又该怎么给自己减少心理压力呢？这里有几条建议，可供参考：

1. 一次只做一件事

眉毛胡子一把抓，往往什么都做不好，还会让自己产生焦虑不安的情绪。

工作时一定要全身心投入，充满紧迫感，不要边工作边做其他事。一次专心做一件事，用最快、最有效的方式完成，然后再进行下一项任务。

2. 活用"死时间"

回顾一天的工作事项，以半小时为单位，给自己列一个详细的时间表，看看自己这一天的时间是如何用掉的，分析总结哪些时间被浪费掉了。接下来，把这些时间用来做一些琐碎的小事，比如填收据、收发邮件、打电话，等等。

3. 以重要的事为先

以最重要的事为先，把一天的事务列表，用 80% 的时间做既紧急又重要的事，其他再做重要的事，最后做紧急的事，以减轻自己的时间压力。这样一来，就等于是把最大的精力集中在能获得最大回报的事情上，不至于白忙一场。

4. 节约时间成本

讲究利用时间的效率，尽量减少没有效率的会议、讲话等，要衡量付出的时间成本是否与所取得的效益成正比。

08 平衡来自阶段性的取舍

露莎是一家公司的销售主管，能够坐上这个位置，实属不易。

露莎骨子里有一份不服输的倔强，办公桌上永远有一张崭新的计划表。每天早上从睁开眼的那一刻起，脑子里想的就是工作，经常会忘了下班的时间。丈夫偶尔有事打电话给她，不是拒接，就是这样的声音："我忙着呢，等会儿给你回电话。"这一等，就是一整天。

当然，露莎也只是一个普通的女人。白天在公司里压抑的情绪，总是在回到家的那一刻，如洪水般地爆发。累了一天后,她没心思再做其他事情,家里经常不开火,她和丈夫要么各吃各的,要么就叫外卖。为了洗衣服、打扫房间的问题,两人不知道吵了多少次。她觉着,丈夫不够心疼自己,嫌他不会做饭、嫌他懒,而丈夫也是一肚子委屈。

有一次,丈夫在情急之下,对露莎大发雷霆:"我也不是你的下属,你不用吼我。我的工作不比你轻松,你什么时候关心过我?我遇到麻烦的时候,你说过一句好听的话吗?只会嫌我赚钱少,没能让你过清闲日子?我们的压力都很大,就不能相互理解一下吗?为什么非得把外面的事拿回来,折磨自己人……"一连串的问题,让露莎哑口无言。她突然发现,自己在婚姻与家庭的天平上,倾斜得太厉害了。

生活角色之间是相互依赖的关系

生活就像一个随时变换场景的舞台,每个人都是演员,身兼多种角色。这些角色各有差异,却都属于一个整体,相互影响、相互促进、协同增效,每一个角色对其他角色都有影响,各个角色之间不是你输我赢的对立模式,而是相互依赖的供应模式。如果一个重要的角色饰演不好,就会影响到其他角色。

露莎就是一个典型的例子。她是一个雷厉风行的职场女中层,有强烈的事业心,每天为了工作奔波。但我们一直在强调,努力和忙碌是两个概念,效率和时间也不是对等的关系。从效能上来说,她并没有饰演好领导的角色，把所有事务性工作都压在自己身上的领导，一定是忽略了授权的重要性。没有完全饰演好职场中的领导角色，自然会产生巨大的压力。这种情绪上的压抑，又被露莎无形中带回了家，影响到她在家庭中的角色——妻子。幸好，露莎目前还没有孩子，否则的话，她极有可能会成为一个没有耐心、急躁而又时常自责的母亲。

这也是不少新时代女性的困惑：渴望有独立的事业，也想成为顾家的妻子，更想给孩子温暖的陪伴。多种角色要去饰演，精力和时间却很有限，如何让每个身份角色势均力敌，就成了一个难题。有没有解决的办法呢？

告别身份焦虑的方法

在这个问题上，前 SAS 中国区总经理龚仲宝以及环球资源华南区人力资源经理邓珊，分别提出了她们的一些心得体会，我认为很值得借鉴和学习：

1. 分清角色重点，合理利用时间

龚仲宝带领公司的一个团队，队员以男性为主，团队的凝聚和提升离不开她。同时，她又是两个女儿的妈妈，孩子的成长更需要她的陪伴。她的平衡办法就是，分清角色重点，追求时间质量。

在家里的时候，她会主动跟孩子们一起做游戏、讲故事，

情绪援救

无论时间长短，都把注意力放在孩子身上，做到全身心地陪伴。离开了家，走进公司，她会珍惜每分每秒，合理安排工作，力求把时间用到极致。她的工作需要团队的配合与执行，所以她会规划每件事情的优先权，依次排序，把计划安排和下属沟通好，让他们都了解工作的重点。一旦遇到了问题，知道在什么时候、以什么方式向她求助。

把角色分开，合理安排时间，可以让大脑得到充分的休息。角色虽然不同，但也有相通之处。有些在单位里没有解决的问题，回家休息后，很可能在第二天就有了灵感。

2. 明确目标，发挥优势，充实自我

邓珊的工作就是与人打交道，这也是她擅长的领域。依据自身的观察和经验，她认为女性在面临事业与家庭问题时，最重要的是明确目标。比如，如果希望照顾好家庭，在职业目标上就不要给自己太大的压力，要选择折中的方案。如果希望在职业上提升，那么就要多跟家里人沟通交流，得到强有力的后方保障，且自身也得有一些牺牲。这样的平衡可以阶段性地进行调整，以满足自己人生需求为最终目标。

明确了目标之后，邓珊的建议是：集中优势打出漂亮的一击。她分析说，女性经理人的特质就是自己的优势，比如耐力强、心思细腻、

善与人沟通，这些对于中层经理人来说，都是必不可少的素质。此外，还要多了解市场、公司的需要，不断充实自己。多用全新的思维去学习，丰富自己，把挑战变成机会。

饰演好生活中的每一个重要角色，不是简单地把自己的时间和精力分成几个等分，而是找到合适的平衡点，阶段性地取舍，不断地实践总结，才能从容地应对，告别身份焦虑。

09 "鸡娃"盛行，你焦虑了吗？

网上盛行这样一段话："让你加班的不是你的老板，而是其他愿意加班的人；让你拼命学习的不是选拔性考试，而是其他愿意学习的人；让你孩子上早教班的不是早教机构，而是其他愿意送孩子上早教班的家庭。"甚至就连某些培训机构，开始打出类似的广告语："您不来，我们培养您孩子的竞争对手。"

勤能补拙，无可厚非。可当所有人都这样想的时候，就变成了一场无休止的恶性竞争。最为明显的就是教育领域，孩子们越来越累，放学后不是补习班就是兴趣课；家长也越来越累，从胎教到早教再到学区房，五花八门的辅导班，恨不得让孩子学会"十八般武艺"。在这场竞争中，起跑线被人们划得越来越靠前，孩子和家长付出了更多，而"赢"的希望却越来越渺茫，所有人都陷入"内卷"之中。

可悲的内卷

无论是一个社会的变迁,还是一种事物的演进,或是一个人的成长,一旦陷入内卷化的泥沼,就会在一个层面上无休止地原地踏步、自我重复、自我消耗而难以向前发展。

家长看到其他学生去上补习班和兴趣班,唯恐自己的孩子落后,也纷纷参与其中。到最后,我们发现:所有的教师都比以前更苦了,所有的学生都比以前更累了,所有的家长都比以前更焦虑了,结果呢?上大学的名额依旧是那么多,可在这个过程中,老师和家长牺牲了时间,学生们失去了童年和玩耍的权利。

过度的教育内卷化,让很多孩子早早地对学习丧失了兴趣,繁重的学习负担影响了孩子的身心健康,也让多少家庭和父母为之疯狂。

"鸡娃"背后的焦虑与恐惧

疯狂"鸡娃"的现象,映射的是父母对孩子前途和教育之路的不确定性的恐惧和焦虑。父母之所以会出现这样的情绪反应,一方面是把自己没有实现的愿望强加在孩子身上,将孩子作为自己理想的代理人;另一方面是对教育和教育规律的认知存在偏差。

父母有望子成龙、望女成凤的期待,这是人之常情。然而,很多家长的期待不是建立在尊重孩子意愿的基础上,而是想借助孩子为自

第七章 正确应对生活中的压力

己年轻时没能完成的理想和成就弥补缺憾，把孩子当成继承理想的机器。

赵先生已年近四十，却依然充满着文艺情怀。他热爱绘画，可惜两次高考均落榜，未能迈进理想的艺术院校，被迫去了一所普通艺校。尽管赵先生潜心学习和钻研美术，可他的艺术造诣和创造力有限，毕业后想靠其维持生计很是艰难。无奈之下，赵先生只好向现实低头，做销售养家糊口。

然而，赵先生从未放弃过对美术的热爱，并在结婚生子后将自己的理想寄予在儿子身上。他每天督促儿子画一幅画，周末带儿子逛画展。在旁人看来，他真是很用心地培养孩子。可实际上，孩子一点都不喜欢绘画，尤其是到了10岁左右，有了自己独立的想法后，他更想去学吉他。赵先生不认可儿子的想法，还是硬要求儿子每天按时画画，完全无视孩子的心理，也意识不到儿子与他的心理距离越来越远。

赵先生只是千千万万父母的一个缩影，却极具代表性。放眼望去，名校、重点班、学区房、兴趣班……多少父母都是在借助孩子去完成自己当年积攒的愿望。他们口口声声说"都是为孩子好"，却没有觉察到藏在这件华美外衣之下的隐性的自私。

孩子不是父母的附属品，而是一个独立的人，有自己的选择和理想，尊重他们的意愿，根据孩子的特点给予支持和引导，让孩子去挖掘自己的天赋，完成属于他们自己的梦想。

许多亲情关系的相互伤害，都是因为缺少界限：父母把自己的愿望寄托给孩子，把孩子当成与他人攀比的工具，干涉孩子的婚姻生活，要求孩子必须听从父母的话，用孝顺进行情感和道德绑架。从感性的角度来说这没有错，但从理性的角度来说这不公平。天下没有完美的父母，但父母总该从成为父母的那一刻起，学习如何担当新的人生角色。

《华严经》里说："不忘初心，方得始终。"那么，教育的初心是什么呢？

毫无疑问，肯定不是让孩子成为父母理想自我的模板，也不是拔苗助长的极端功利主义，而是让孩子拥有健全的人格、生存的本领，以及学习的技能。当孩子走出学校，踏进社会，可以用自身所学获得独立自主的生活，为国家和社会创造价值，知晓并承担不同身份角色的责任与义务，有力量接受生活中的艰难困境，这才是接受教育的终极价值。

10 【实践课堂】：叫停压力的三个练习

当我们意识到自己陷入了压力状态中时，该怎么做才能叫停压力、安抚自己呢？

解压练习 1：自我对话

1. 停下手边的事情

当你感觉心神不安，内心被压力填满时，先把手边的事情停下来。短暂的停歇，不会造成太大的影响，带着压力勉强硬撑，才是费神费时又费力。

2. 直面压力状态

停下来之后，你要直面压力了。所谓直面，就是不抗拒这种状态，承认自己正处于压力中。如果你不承认它，甚至讨厌自己的这种状态，认为它不应该出现，不仅于事无补，还会造成进一步的心力耗损。

3. 进行自我对话

扪心自问一下："我到底在怕什么呢？"

通常有压力是因为我们的潜意识里存在恐惧，这种恐惧与成长经历有关，它可能是害怕犯错、害怕能力不足、害怕不被爱、害怕孤独、害怕失控、害怕不被认可、害怕失去地位等。比如：正在为了一项任务焦心，看似是任务导致了压力，但可能背后潜藏的台词是："我害怕做不好这项任务，老板会认为我能力不行，不配他支付的工资……或许，他还会把我辞退……"

4. 理性地分析想法

对于上述的恐惧情绪，你认为它合乎情理吗？比如，你负责的那项任务，是不是很有挑战性？或者难度很大？如果没有做好，一定会被辞退吗？公司里的其他同事，出现类似情况时，老板通常是怎么处理的？借此评判一下，你是否夸大了这件事可能带来的后果？

5. 设想最坏的结果

假如，你设想的最糟糕的结果出现了，老板真的认为你能力不行，把你辞退了，你的人生会不会从此变得一塌糊涂？你这辈子是不是再无法找到一份新的工作？

6. 思考解决的办法

做好最坏的打算后，你不妨思考一下：可以做什么来解决这个问题，并且能够彻底放下？可能你会想到，寻求同事的帮助、查询更多的资料、向老板申请多一点时间……当你内心冒出这些可行性措施后，压力也会随之减轻。

📝 解压练习2：与身体对话

当我们感受到压力时，身体往往会出现一系列的反应，如心率加速、身体紧张、血压升高、失眠、消化不良、无法放松等。这时候，我们要和身体进行一场精神对话，让它慢慢平静下来。别怀疑身体的本领，它的自主神经系统的控制能力远比我们想象的强大。

1. 用腹部进行深呼吸，吸气和呼吸时要屏住几秒钟。

2. 屏气的时候，试着让身体放松。

3. 与身体进行对话，让它平静下来，并想象它已经恢复了平静。

然后，把手放在胸口，在心里默默地对自己说："很好，你现在可以冷静下来了。"

4. 想象你的心跳速度正在慢慢减缓，伴随着你的呼吸，开始逐渐恢复正常。在心里默默告诉自己："现在什么都不用做，只要放松，你可以做到。"

5. 你可以把自己的身体想象成孩子，用充满爱与关怀的口吻对它说："我知道你累了，你很辛苦，休息一下吧！别怕，你现在很安全。"

6. 练习5分钟左右，感受身体的变化。

解压练习3：写作疗愈

当压力袭来时，我们的头脑往往会显得有些混乱，厘不清思绪。这时候，如果能够把脑子里的想法写下来，并列出问题清单，往往可以减轻一部分压力，梳理出解决问题的办法。

准备一张纸、一支笔，把脑子里冒出来的各种想法逐一写下来：

1. 看看所列的事项中，哪些是让你担忧的？哪些是需要你做的？哪些问题对你提出了挑战？哪些人是你想要与之沟通的？哪些人是你不想看见和面对的？

2. 一直写，直到没有可写的内容时再停笔。

3. 完成书写后，把清单中你认为最重要的东西标记出来，对其进行分类：第一类是当下你有条件和能力完成的事项；第二类是目前你无法完成或极具挑战性的事项。

4. 重新拿一张白纸，分成两栏，上述两类事项各占一栏。

5. 对有条件和能力完成的事项，列出可采取的行动。

6. 对暂时无法完成的事项，列出存在的问题，并努力解答。当你列出了几种可能性，答案往往就快浮出水面了。如果自己想不出来，可以尝试求助可信任的人。

7. 当两类事项的行动清单都列出来后，可以为之做一个时间规划，逐一完成。

以上几种解压方法，可以单独使用，也可以结合使用，根据自己所需而定。

11 【自由练习】：压力清单

诱发焦虑的一个重要原因，就是由于事务太多使自己不堪重负。面对这样的情况，我们可以试着列出，虽然不能完全消除压力，但可以有效减缓焦虑情绪。

那么，具体该如何运用压力清单呢？我们不妨借鉴《焦虑急救》中推荐的方法：

1. 压力评估

当你感觉任务繁多、时间紧张的时候，可以试着先放下手头的事，找一个安静的环境让自己放松一下。一刻钟后，如果脑子还是被各种待办事项萦绕，那就说明压力有些大，你需要借助清单来缓解一下。

2. 列出所有的待办事项

把那些让你感到有压力的事项，无论是正在做的还是待办的，全部罗列出来，不用进行排序，比如：给家里做大扫除、和孩子沟通玩手机的问题、正在做的设计图、让你感到为难的朋友的请求……不一定一次性完成，随时都可以进行补充。

做这件事时，最好不用电子文档，用纸和笔来完成。这样，可以排除网络的干扰，更专注地与自己的内心对话。这个过程，其实也是在减缓压力。

3. 对各个任务进行备注

对于清单上的各个任务，可以备注你所想到的解决办法、所需时间、可用资源。同时，也可以深入追问：是否可以不做？能不能交给其他人去做？时间上能延后吗？任务可拆分吗？这样做的目的，不是为了即刻解决问题，而是为了释放压力。

这就是压力清单法。试想一下：在未来一周或一个月内，你有可能会遇到任务多、压力大、心情焦虑的情况吗？如果有的，不妨尝试用这个方法来处理一下。

第八章

打破社交焦虑的束缚

01 社恐？不，也许只是社交焦虑！

没有谁是一座孤岛，生活在这个世界上，我们每天不可避免地要参与到各种社交场合中。有些人在社交活动中从容得体、大方自如，而另一些人却在社交场合中紧张害怕、不知所措，严重时还会语无伦次。如果你发现自己也被后一种情况困扰，那么接下来的内容，应该会让你对自己的行为表现有更多的理解，并获得实际的帮助。

社交焦虑

社交焦虑，是指个体在与他人交往时产生恐惧、紧张和焦虑感的现象。每个年龄段的人都会有这种情绪，不存在明显的性别差异。社会恐惧会影响正常的人际交往，让人变得不善言谈、倾听和交友，也会进一步造成孤独感，阻碍与他人建立亲密关系。

那么，怎样判断自己是否存在社交焦虑呢？美国心理学会的《精神病诊断与统计手册》(DSM-5,2013)，对社交焦虑提出的诊断标准主要有以下四条：

1. 在面对陌生人或潜在观察者时，对一种或多种社交行为产生明显且持续的恐惧感。

这种恐惧体现在当事人担心自己会做出一些被他人嘲笑，或是让自己陷入尴尬境地的行为。实际上，他们通常不会真的做出那样的事情，只是担心自己会那样做；一旦他们相信这样的事情存在发生的可能性，就会感到惊慌失措。

2. 处在令自己恐惧的社交场合中，无法避免地产生恐惧感。

对于不同的人来说，触发社交焦虑的导火索是不一样的，也许是进入人多的房间、与人长时间交谈，也可能是打电话、当众吃东西或发消息；还可能是当众演讲……无论哪一种，对他们而言，都是一件很恐怖的事情。

3. 认识到自己的恐惧感是不合理的或是过度的。

社交焦虑引发的结果之一就是，当事人往往能够意识到，造成焦虑和恐惧的事物本身并不可怕，且别人通常不会因此感到焦虑。不过，意识到这一点，恰恰让情况变得更糟，当事人会认为——是自己能力不足或不够自信，从而加重焦虑。

4. 尽力回避可能会让自己感到恐惧的社交场合，或在这些场合中忍受煎熬。

人有自我保护的本能，回避令人感到恐惧的社交场合也是一种本能。对社交焦虑者而言，停留在这些场合中是有风险的，他们不想被孤立，却又无法切断恐惧感的来源——关于他人如何看待自己的猜测。尽管社交焦虑者对社交感到恐惧，可他们内心依然渴望工作、交友，并获得归属感。所以，他们往往会在社交场合中忍受着恐惧和煎熬，或是采取一些减弱潜在风险的行为，让自己感到安全。

社交焦虑与"社恐"的区别

○正与人发消息，结果对方发起了语音通话。
○聚会的时候被人问道：你为什么不说话？
○领导迎面走来，内心思考该怎样打招呼比较合适。
……

碰到这样的场景，许多人都不免会感到紧张，而这也是正常的情绪反应。然而，不少网友却将其称为"社恐人群的噩梦"，底下点赞表示认同的人成千上万。在此，我们必须要澄清一下，社交焦虑与"社恐"不是一回事，两者有很大的区别。

社交焦虑是一种与人交往时，感觉不舒服、不自然、紧张甚至恐惧的情绪体验。任何需要与人沟通的活动，如打电话、购物、问路等，对他们而言都是挑战。

社交恐怖症是一种社交焦虑障碍，表现为过分地、不合理地惧怕与人交流，且极力想以各种方式回避社交，拥有无法自控、无差别触发等特点；同时生理上也会出现发抖、心跳加速、气喘、恶心等反应。

举例来说，社交焦虑者看到他人对自己报以微笑时，心情会感到放松和愉悦；社交恐怖症患者即便看到他人对自己报以微笑，仍然会感到焦虑和不安，只有自己一个人待着时才会感到轻松自在。所以，为了区分正常社交焦虑和病理意义上的社交焦虑障碍，美国心理学会在诊断手册中还特意增加了一些更有普适性的标准：该心理障碍是否影响了患者的生活并持续拥有超过 6 个月的显著焦虑感！

千万不要因为在人际交往中出现了一点点的烦恼和问题，就随意地给自己贴上"社恐""人格障碍""人格分裂"等标签。实际上，社交焦虑就是一种情绪，且是一种可控的、可调节的情绪，唯有正确地认识它，才能正确地应对它。

02 社交焦虑者都有哪些行为迹象？

许多人在多元文化的世界里敏感且谨慎地活着，有一项调查显示：约 10% 的人被社交焦虑困扰；有 40% 的人认为自己很害羞，而这也是社交焦虑的一种表现形式。

如果我们把问题扩展一下，询问人们在生活中的某些时刻是否感到害羞，这个比例会飙升到 82%！在特定的情境下，有 99% 的人会感到社交焦虑，只有 1% 的人（包括心理变态）从未体验过社交焦虑！

看到这些数字，你可能会进一步认识到，存在社交焦虑的不止你一个人，大可不必为之感到羞耻和难堪。

社交焦虑的主要表现

有社交焦虑是正常的，但社交焦虑是分层级的，因而个体的社交焦虑表现和强烈程度不一。通常来说，社交焦虑对人的影响，主要体现在生理、情绪、思维和行为四个方面：

1. 生理

感到社交焦虑时，身体上会出现别人能够观察到的焦虑体征，如脸红、出汗、发抖；心理上感到紧张，身体有疼痛感，无法放松下来；严重时会头晕目眩、恶心呕吐、呼吸困难。

2. 情绪

紧张、焦虑、恐惧、担忧是社交焦虑普遍存在的情绪反应，当事人还会对自己、对他人感到失望或愤怒，产生消极、自卑以及对现实的无力感。

3. 思维

社交焦虑者对自己说过的话、做过的事特别在意，过分关注别人对自己的看法，很难集中注意力或回想起别人说过的话；过度担忧一件事情可能会发生的意外状况；大脑经常是一片空白，无法思考该说些什么。

4. 行为

社交焦虑者会尽可能地回避复杂的社交场合或情境，如果必须出席或参与，会选择待在"安全区"，与"安全"的人交谈，讨论"安全"的问题，害怕成为别人关注的焦点。在与人接触或交谈时，会闪避对方的视线。

需要指出的是，上述的一系列症状并不能完全涵盖社交焦虑者的全部感受。很多时候，他们还可能会以一些隐秘的方式来规避社交焦虑，这也是需要关注的。如若忽视了它们，也可能会导致问题的进一步发展。

社会焦虑的其他表现

1. 躲避行为

○进入人多的房间之前，等待他人的陪同

○聚会时充当"服务人员"，如发东西、收拾物品等，避免与人交谈

○看到一个令自己焦虑的人走来时，转身回避

○发现别人看着自己时，会停下手中正在做的事

○不在公共场合吃饭

2. 安全行为

社交焦虑者在与他人相处时，时常会体会到危险，这种危险是模糊的，以至于他们无所适从，不知道该躲避什么？于是，他们就把重心放在如何让自己感到更安全上，做一些让自己感到安全的行为，避免引起他人的注意。

○不断"演练"自己想说的话，检查它们是否正确

○说话很慢，声音很小；或者语速飞快，没有停歇

○试图把手或脸藏起来，用手掩着嘴

○用头发遮住自己的脸，或用衣服遮挡一些特定的身体部位

○穿很体面的衣服；或从不穿会惹人注意的衣服

○从来不跟他人说自己的事、从不谈论自己的感受

○从不发表个人意见，不能完全参与互动

3. 自我批判

社交焦虑者特别在意自己的言行，每一次互动后，都会反思自己和他人的互动过程，并把注意力放在自己可能做错或让自己感到尴尬的事情上，不断揣测别人对这些事情的看法和反应。这些揣测会让社交焦虑者变得消极，因为他们会在内心进行一场严苛的自我批判：

○"我怎么这么笨！"

○"我怎么会说那么愚蠢的话！"

○"我刚刚的表现就像一只笨拙的鸭子！"

○"他一定认为我很傻！"

○"我真是无药可救了！"

不难看出，社交焦虑者在与人交往时，总是处于紧张的状态，时刻担心会受到他人的指责和批评。许多社交焦虑者甚至认为，别人在了解自己后，会直截了当地拒绝自己，于是就把真实的自己隐藏起来，即便他们本身并没有什么问题。

掩盖真实的自己，无疑要消耗巨大的心理能量，这也导致社交焦虑者经常心事重重、悲观失落。从短期来看，这会妨碍一个人正常地做自己想做的、能做的事；从长期来看，则会让人在工作、娱乐、私人关系等各方面都受到不良影响。

03 诱发社交焦虑的原因不是单一的

桑娜入职新公司已经半年多了，可每次走进办公室，她还是感觉浑身不自在。办公室是开放式的，三十余人在同一楼层，每个人占据一个工位。这样的空间加重了桑娜的焦虑不安，她不能像在原来的公司那样，躲在一个角落，哪怕是靠近落地窗，离空调较远的地方。对她来说，忍受一点冷和热，远比担心被人凝视要好得多。

周一的例会结束后，同事们开始讨论"加班与休假"的问题，有个同事问桑娜："你觉得把8小时加班时间积累成一天假期，这个安排怎么样？对你有没有什么影响？"桑娜与这位同事不太熟悉，忽然面对提问，她的大脑一片空白，不知道该说什么？

桑娜以为所有人都在看着自己，就把目光朝向天花板，感觉过了好几分钟。最后，就小声地回了一句："还好吧！"谈话随之展开，可桑娜完全不在状态，她感觉自己表现得很羞怯、很蠢笨，也很尴尬。内心深处，有一个声音在指责她——"真是够窝囊的，这么一个简单的问题都答不上来，让人怎么看你啊！"

是什么让桑娜焦虑不安？

结合情境来说，让桑娜焦虑的直接原因：一位不太熟悉的同事问了她一个问题，她以为所有人都在关注自己以及自己的回答，这让她感到恐惧和焦虑，大脑一片空白。在这样的情绪状况下，她回答问题时的样子，似乎有些羞怯。对于自己的表现，桑娜感到焦虑、自责和愤怒。如果同事不向她发问的话，这一切就不会发生。

这是点燃桑娜焦虑的导火索，但不是她社交焦虑的根本原因。吉莉恩·巴特勒在《无压力社交》中提及，恐惧与人交往的原因是很复杂的，需要从多个方面认识这一问题。

社交焦虑的诱因1：生物因素

在同样的情形和刺激下，人的神经系统受刺激程度存在差异，不少社交焦虑者属于具有高敏感特征的人群，他们能够感受到被别人忽略掉的微妙事物，自然而然地处于一种被激发的状态，这是一种与生俱来的系统。另外，焦虑受遗传基因的影响，如果父母都存在焦虑的问题，那么子女患有焦虑障碍的风险就会增加，但其焦虑类型未必和父母一样。

社交焦虑的诱因2：环境因素

最初的社交关系是在家庭中建立的，我们在家庭中学习到重要的社交知识，比如：在社交过程中，哪些行为是被允许的，哪些是不被允许的？你怎样做才能获得别人的喜爱，怎样做又会被别人拒绝？被爱和不被爱，分别意味着什么？这些事情经常在我们的成长过程中发生。在这些经历的基础上，我们形成了有关他人对自己看法的信念和猜想。

如果总是被家人和朋友喜爱，犯错的时候也能够被接纳，能够按照自己的意愿与他们进行交流，就会体验到自我价值感，建立自尊并在社交中感到自信。即便在生活中遇到一些人际关系上的小挫折，也没什么大碍。

如果总是被苛责、被批评、被排斥，就会形成低自尊，难以建立自信。将来在与他人交往时，也会对自己被认可程度、能力和吸引力感到不自信，总担心别人会如何看待自己、回应自己，焦虑感就是在自我怀疑的基础上产生的。

社交焦虑者，总是习惯揣测别人对自己的看法，且是倾向于消极的、负面的评价。要知道，人并不是生来就会进行这样的猜想，是个体在成长过程中遇到的评价方式，在不知不觉中内化成了自身的价值感，以及思考问题的模式。

社交焦虑的诱因 3：创伤性经历

创伤性经历对人的伤害，不仅仅是在发生的那一刻，还会在事情过去之后给人留下阴影。克服这种经历并不容易，我们在创伤性应激障碍部分，已经了解过这一点。

据不少社交焦虑者反映，他们之所以会对人际交往产生恐惧和不适，大多是因为在上学期间有过创伤性经历，比如：校园欺凌、被孤立，因肥胖、长雀斑等问题遭受嘲笑。一旦这样的经历多次重复、长期持续，人就会感觉自己遭受了明显的歧视与残忍对待。

当然，不是每一个有过糟糕经历的人都会成为社交焦虑者，也可能他们会被一个特定的支持者、养育者或朋友所拯救；或挖掘出技巧与才能，帮助自己建立自信，保持自尊。

社交焦虑的诱因4：不同时期的社交挑战

有些社交焦虑者，一直很害怕见陌生人，他们认为自己天生就是一个性格古怪或害羞的人；还有一些社交焦虑者，他们的社交焦虑产生于青少年时期，因为这个阶段面临着离开家庭、独立自主、找到自己的社会角色等挑战。

回顾桑娜的案例，当别人向她提问时，她感到焦虑不安，产生了一系列负面的情绪体验。此时，揪着"他为什么要问我问题"的导火索是没有意义的，悔恨"我为什么不早点躲开人群"也解决不了问题。她真正需要反思的内容是：

○ 她是一个什么样的家庭里成长起来的？
○ 有没有经历过一些带给她压力、焦虑和恐惧的人际交往事件？
○ 是什么让她感觉自己在说话时一定会被所有人凝视？
○ 回答问题后的那种尴尬、自责和愤怒，让她联想到了过往的哪些时刻？

无论对他人，还是对自己，理解和接纳，才是改变的开始。

04 克服害羞，提升社会交往技能

说起害羞，我们都很熟悉，但很少有人把它当成问题。

其实，这是一种误解。因为害羞是社会适应力不足的表现，属于社交焦虑的一种。不同程度的害羞，也会给当事人的工作和生活带来不同程度的影响。

害羞是人类共有的一种特质，在接受调查的人中，有 80% 的人表示，他们曾经或正在经历害羞，甚至经常感到害羞。关于害羞，没有一个明确的、标准的定义，因为不同的文化、不同的人，对害羞都有不同的理解，且一个人的外在行为并不总能准确地反映出他是否害羞。有时候，害羞者表面看起来镇定自若，可他们的内心却像一条拥挤、混乱的公路，处处堆积着感情碰撞和被压抑的欲望。

在生理层面，害羞者感到焦虑时会出现一系列的症状，如心跳加速、出汗、神经质地发抖。当人在体验某种强烈的情感时，也会出现这样的生理反应，而身体无法区分这些感觉在本质上的不同。但是，有一种生理症状是害羞者无法绕开的，那就是脸红。

晓秋因为脸红的问题备受折磨，她不敢参加社交活动，不能在公共场合演讲，甚至连正常的小组讨论对她而言也异常艰难。很多时候，尚未开口，她就已经涨红了脸，感觉脸一阵阵地发烫。要是有人询问她"怎么了"，她就感觉自己的笨拙和窘态已经或将要被人发现，尴尬得一塌糊涂，恨不得找个地缝钻进去。

苦恼的晓秋很想知道，自己这辈子是不是都要带着一张"红脸面具"过活？她不知道自己为什么会这样？更不知道有没有能力克服害羞，像正常人一样坦然地适应社会交往？

人为什么会在社交中感到害羞？

晓秋的疑问，道出了许多害羞者的心声，他们也迫切地想知道：为什么自己会在社交中感到害羞？对于这个问题，不同学派之间作出了不同的解释，虽然这些解释不能涵盖所有关于害羞的解释，但它们仍为我们理解害羞提供了多重视角和思路。

○人格特质学派：害羞是一种遗传特质。

○行为主义学派：害羞者只是没有学会与他人交往的技巧。

○精神分析学派：害羞是个体潜意识中内心冲突的外在表现。

○儿童心理学家：在社交中感到害羞应当被理解，社会环境让许多人都感到害羞。

○社会心理学家：害羞者是在社会生活中被贴上的标签，即自认为害羞，或是被他人认为害羞。

如何有效地克服害羞？

1. 认识真正的自己

现在，请你思考一下：你树立的自我形象是什么样的？这种形象受你的控制吗？别人对你的感觉，和你想带给别人的感觉一致吗？遇到好事，你认为是运气使然，还是努力的结果？童年时代，父母以及他人对你产生了怎样的影响？你认为生活中哪些东西是重要的，哪些是不重要的？有什么东西能让你心甘情愿牺牲自己的生活？

思考这些问题是为了提高自我意识，这是做出积极改变的开始。因为害羞的社交焦虑者，最核心的问题就是过度地自我关注，过分关注负面评价。所以，要增强自我意识，重新认识自己，最终接纳自己的内在形象，让他人接纳自己的外在形象。

2. 坦然地面对害羞

你可以给自己写一封信，描述你第一次感到害羞的情境：当时有什么人在场？你有什么感觉？这次的经历让你做了什么决定？有没有人说过一些话让你感到害羞？现在看来，你认为其中有没有误解？描述一下真实的情况是什么样的？

谈谈害羞让你付出了什么样的代价？你用了什么样的方式应对害羞和焦虑？那些方法有用吗？你认为怎样做，才能产生积极的、可持续的效果？选择一个自己渴望却因为害羞而未能实现的目标，为自己制定一个详细的计划，把全部精力用在实现目标上。记住：先去做，再去评价自己的实力。

3. 呵护你的自尊心

自尊，是个体在与他人比较的基础上做出的一种自我评价。害羞者通常都存在低自尊的问题，对负面评价极度敏感，且会将其归咎于个人能力。要走出低自尊，需要理性地与他人进行比较，认识到别人的生活与自己无关，学会自我主宰和自我肯定。

○写下自己的优缺点，据此来设定目标。

○抛却人格特质，找出影响你自尊心的因素。

○提醒自己每件事情都有两面性，事实从来不是唯一的。

○永远不要说自己不好，更不要给自己贴上"攻击人格"的标签，如笨蛋等。

○不费心容忍那些让你感到不舒服的人、事、环境，若不能改变，可以置之不理。

○别人可以评价你，但不能践踏你的人格。

○你不是倒霉蛋，也不是一文不值的人。

4. 提高社交技能

许多害羞者之所以会社交焦虑，与缺乏社交技能有直接关系。如果能够掌握一些让自己放松的方法，以及通过思考减少焦虑的技巧，就能够将害羞和焦虑置于可控的范围内。

如果你觉得对别人开口说话很困难，那你不妨尝试给附近的餐厅打电话，询问晚上营业到几点，锻炼自己的胆量；你还可以与在街道、公司或学校里见到的每一个认识的人打招呼，微笑着说"你好"；用赞美对方的方式开始一段交流，如"你这身衣服很显气质""你买的车子很不错"……在信息高度发达的今天，你完全可以通过网络或书籍，学习各种社交技巧。当然，最重要的是鼓起勇气，将它们付诸实践。

05 摆脱内在批判者的控制和支配

尼采说："每个人距离自己是最远的。"很多时候，人最不了解的是自己，最容易疏忽的也是自己，能够做到客观正确评价自己的人，终究是少数。对社交焦虑者而言，在担心自己言行有失误或是面对负面评价时，更是会忍不住地进行自我攻击和自我贬低。

哈佛大学心理研究中心的资深教授乔伊斯·布拉德认为：自我评价是人格的核心，它影响人们方方面面的表现，包括学习能力、成长能力与改变自己的能力，乃至对朋友、同伴和职业的选择。不夸张地说，一个强大、积极的自我形象，是克服社交焦虑最大的底气。很多时候，伤害我们的，不一定是外界的环境和事件，而是消极的信念与自我评价。

如果我们无法对自己做出客观的评价，就会习惯性地低估自己、怀疑自己，很难做到自尊与自爱。想要的不敢去争取，觉得自己不配得到；有机会不敢去争取，不相信自己有能力做到；看不到自己的长

第八章 打破社交焦虑的束缚

处,总是拿自己的短处去跟别人的长处比较,强化内心的消极信念。

就像《蛤蟆先生去看心理医生》里所写:"没有一种批判比自我批判更强烈,也没有一个法官比我们自己更严苛。"在现实生活中,时刻影响我们自尊的因素,不是外部环境,而是我们的想法。从这个角度来说,社交焦虑与自我价值感低有密切关系。

那么,只有优秀的人,才配拥有自信吗?当然不是。

优秀是相对的,每个人都不完美,个性特质也不尽相同,但这并不妨碍我们相信自己、肯定自己。问题的关键在于,我们是否能够看见真实的自己,客观地去评价自己,比如:你可能长得不漂亮,但你心思细腻,做事很认真;你可能有点孤僻,但头脑冷静,总能理性地分析问题……我们都是独特的,都有自己的优势和短板,不存在一无是处的人。

看过电影《阿甘正传》的人,一定还记得出现在镜头下的那根羽毛,它在空中时而迎风飞舞,时而缓缓飘荡,像极了阿甘的人生。阿甘是一个智商只有75的人,可他却活出了常人难以企及的精彩,长跑、打乒乓球、捕虾、创业……几乎做什么都成功,他经常挂在嘴上的一句话是:"我妈妈说,要将上天给你的恩赐发挥到极限。"

其实,这部影片是在借助阿甘这个角色告诉我们:无论你是多么平凡,多么普通,那都只是一个表象,不要为此对自己感到失望,更不要为此感到自卑，因为你不知道自己身上隐藏着什么样的潜能，能抵达什么样的山峰，看到什么样的风景。

纳尔逊·曼德拉说得好："我们最深切的恐惧并不是我们的胆怯，我们最深切的恐惧是我们无法衡量自身的强大。我们常问自己，谁具有才华和天赋，并能创造神话，而谁不能？其实，我们与生俱来就拥有非凡的才华。"

人生最重要的关系，是自己与自己的关系。很多时候，我们感到焦虑、恐惧、害羞、懦弱，不是因为我们不够好，而是因为内心有一个严厉苛刻的批判者，不停地对我们进行挑剔和指责——你不够聪明、你能力不足、你不漂亮、你胆子太小，等等。认同了这些话，我们就会持续地吸引他人强化这些的声音，进一步自惭形秽。

如何摆脱内在批判者的控制与支配？

要摆脱内在批判者的控制和支配，就要提高觉察力和辨别力。

当你在生活中遇到问题，忍不住想要进行自我批判的时候，试着先安静下来，思考一下：这究竟是事实，还是头脑中的想法？如果是事实，考虑自己要为眼前的处境承担多少责任？自身存在什么样的问题？往后遇到类似的情形要注意什么？

这种客观理性的分析，有助于避免简单机械地把内在批判的声音当成真理。

在经过思考和分析后，如果发现头脑中那个"自我批评的声音"

不是事实而是想法时，不要认同，也不要去对抗，试着跟它们保持一点距离，允许它们存在，任它们自生自灭，把它们当成一种背景音乐，然后去做自己认为更值得、更重要的事。

当你不再受困于内在专横苛刻的批判声，学会用客观公平的目光全面地审视自己，就能够更好地探索出属于自己特有的标准和自信，收获稳定而持久的安全感，有足够的力量去承认——我不需要表现得多么完美、多么正确，真实本就意味着有好有坏。

06 拒绝，没有你想得那么可怕

在即将举行婚礼之际，新娘秦兰突然提出取消和新郎凯伦的婚约。得知消息的亲友们，都感到很惊愕，不知道发生了什么？秦兰心里很清楚，发生这样的状况着实让家人尴尬，可她实在顾不得面子了，毕竟这是自己的人生大事，不能无视那些已经暴露端倪的大问题。

秦兰取消婚约的原因，是她无法忍受凯伦羞怯的性格。凯伦从事程序员工作，接触的人不多，性格内向，许多事情都习惯让秦兰拿主意，秦兰起初认为这是凯伦对自己的尊重，但因为预定婚礼现场的事，她却发现这个男人"太窝囊"。

他们原本决定，订婚后就去办理结婚手续，三个月后举行婚礼，并通过婚庆公司预订一家五星级酒店。秦兰临时出差去国外，就将这件事交给凯伦处理。可没想到，酒店因为当月临时有其他任务，不得不取消他们的婚礼。按理说，婚庆公司只要给他们换一家同级别的酒店，并说明情况，也不是什么难解决的问题，没想到他们却擅作主张，把酒店换成了一家四星级的。凯伦虽然得到了通知，内心也很生气，可他只是轻描淡写地说了一句"这也太过分了"，就没有再追究。

秦兰在国外出差，事情繁杂，凯伦不想影响她的工作，也就没有告诉她。等秦兰回来得知情况后，勃然大怒。她问凯伦："为什么当时不回绝？现在距离婚期还不到2个月，再换婚庆公司也来不及了，你为什么当时不问问我？"

凯伦低声地说："我觉得这样也行，不是什么要紧的事，就不想让你分心。"

秦兰更生气了，问："那什么才是要紧的事？"说完，她就打电话给婚庆公司，对方给出的回答是：当时凯伦已经口头答应了，而且他们也跟酒店预定好了，就算是取消的话，定金也是不退的。

听完这些，秦兰当即决定取消婚约。可让她没想到的是，虽然凯伦很难过，可他却连一句"我不同意取消婚约"的话都没说。为此，秦兰哭了好几天，她也舍不得这段感情，可这个男人的处事作风实在让她失望，不知道今后在一起生活会是什么样？凯伦的怯懦已经形成，要改也不是那么容易的事。长痛不如短痛，与其到时后悔，还不如现在忍痛分开。

古希腊哲学家毕达哥拉斯曾说："最短而又经常要说的两个字是——'好'和'不'，无论说出哪一个，我们都需要经过仔细考虑。"对社交焦虑者而言，说"好"相对容易，说"不"极其困难。他们既害怕被他人拒绝，也害怕拒绝他人，即便内心已经十分拧巴，真实的想法在心里默念了十遍，可话到嘴边还是会咽下。

那么，为何社交焦虑者会如此害怕拒绝呢？

害怕被他人拒绝，所以不敢拒绝他人

社交焦虑者对于自己在社交环境中的表现，设立了一个很高的标准，并且会夸大自己的"社会成本"，比如："我今天的衣服有些褶皱，别人肯定认为我很不讲究""如果我拒绝了他，他一定觉得我太自私了"。

这种高标准，不只是针对社交焦虑者自己，他们还会将其套用在社交环境中的其他人身上，比如：他们会认为对方是一个很有思想、高姿态的人，对自己的言行举止也抱有同样的高标准、高期待。这就使得他们在跟对方互动时，会不断地评估自己的行为，以及行为所产生的可能后果。他们的内心可能会这样想："他对我的期望一定很高，要是我的表现不好，他肯定认为我徒有其表，不认可我。"

这个心理过程很微妙，可以被认为是一种对负面评价的恐惧。换句话说，就是没有办法面对（自己臆想的）他人的否定和拒绝，而害怕拒绝对方。

社交焦虑者只是单纯地畏惧负面评价吗？情况并非如此。

心理学家指出，社交焦虑者与人交往时，还存在对积极评价的恐惧，比如：害怕自己的社会地位提高，与他人产生冲突；害怕自己表现得太好，被他人排挤和孤立；担心自己在某方面表现得太好，以至于他人对自己产生更高的、更多的期望。

看似有些矛盾，实则是相互关联的。社交焦虑者害怕别人的负面评价，故而不敢拒绝他人的请求。所以，他们在社交场合中也会表现得比较谦逊、拘束，刻意地掩盖优势，甚至认为自己处于劣势。

如何冲破不敢拒绝的藩篱？

1. 深入地了解自己，走出低价值感的束缚

低价值感的社交焦虑者，听不见自己内心深处的声音，把让别人满意当成自己的目标；就算听到了内心的呐喊"我不想做这件事"，也不去理会，反倒对自己更加鄙视和严苛。因为不敢让别人失望，害怕不被人喜欢，他们就会变得敏感，去猜测别人的想法，以及别人对自己的态度，过度解读他人的表情、眼神，看到别人不高兴，就把问题归咎到自己身上。

想要有拒绝他人的勇气，首先要建立自信，为自己树立界限，睁开眼睛去看看叫做"恐惧"的怪物。知道低价值感的起源，知道为何

自己害怕拒绝，看到自己之前所承受的重担和束缚，用悲悯和爱护替代对自己的苛责与谩骂，内心的冰山就会慢慢溶解。

2.放弃让所有人都满意的幻想

做人做事，要恪守自己的原则，遵循自己的内心，不要太在意别人对自己所做之事的评价，也不要变成一个只会迁就别人意愿的人。总担心别人不满意，谨小慎微地察言观色，揣摩并迎合别人的心思，迟早会把自己折磨得精疲力竭。无论做什么事情，能够让一部分人满意就已经很好了。没有谁可以超越人性的局限，再怎么努力，也难以实现面面俱到。

3.设定心理界限，坚守自己的底线

当别人发出请求时，到底该不该拒绝呢？面对这个问题，社交焦虑者总是很纠结。

其实，这个问题没有标准答案，因为每个人的处境不同，对事情的看法不同，处事的原则和底线也不同。为此，我们需要设定一个心理界限。

约翰·汤森德博士写过一本书，里面专门讨论了心理界限，他指出："心理界限健全的人，对生活和他人有明朗的态度，做事立场坚定，观点清晰，有自己的追求和信仰；没有心理界限的人，做什么事都举棋不定、态度暧昧，对待爱情、工作和生活，没有参考的标准。这样的人在与他人交往时，总处于被动的境地，一旦别人态度稍微强势些，就会毫不犹豫地妥协和退让。"

设立拒绝界限不是盲目的、随意的，要先分清是非，做到公私分

明。在集体中，要严守规则制度，不能做出格的事。然后，以此为基础，维护自己的利益，满足自己的"私"求，让自己活得更好。关于如何对"私"，我们不妨参考美国励志导师奥里森·马登的建议：

"如果一个人有自己的主见，他在任何人面前、任何场合都能够慷慨陈词，表明自己的想法，捍卫自己的利益。相信自己、坚定立场、坚持主张，你不但会让自己活得舒心，而且也不会丢掉你的工作；如果你做事毫无主见，你在生活中就会瞻前顾后、畏首畏尾、胆小怕事，活得不自在，很憋屈。如果没有主见，你往往也会低估自己的能力，害怕失败，不敢果断行事，因循守旧，在工作中很难有创新和突破。所以，缺乏主见的人在生活中常吃亏，在事业上难成功。"

奥里森·马登清楚地告诉了我们该如何设定拒绝的界限：当你在集体中时，要跟很多人产生关联，此时你要有主见，坚定自己的立场。因为，你坚守的是自己想要的东西，它体现了你的心声、你的愿望、你的尊严、你的价值，值得你去追求和捍卫。

4. 掌握拒绝的方式方法

当别人提出的请求，违背了你的个人原则或价值观念，拒绝是必然的选择。然而，古语提醒我们："良言一句三冬暖，恶语伤人六月寒。"所以，拒绝他人的时候，态度要坚定，话点到为止，照顾对方的自尊心。下面有一些实用的小技巧，可作为参考：

○ 听对方把话说完，再开口拒绝

○ 给出充分的拒绝理由，让对方明晰你坚定的态度

○ 先认同后拒绝，避免对方难堪

○ 说出你的难处，让拒绝更加真切

○ 不掩饰真实的想法，坦诚更容易获得理解

07 减少自我关注，转移注意力

林怡很怕被人关注，无论是否真的有人关注她，但凡存在这样的可能，她就会感到不安。

那是十年前，有一次她乘坐公交车，当时车厢里的人很多，没有报站系统，全靠乘务员提醒。临近她要下车的站点时，乘务员喊道"有下车的乘客说一声，提前走到车门口"，一连喊了三四声，都没有人言语。

林怡意识到，这一站是没有人下车的。她不敢在安静的车厢里回应说"我要下车"，就选择了静默。结果，她多坐了一站地，而那一站路程很长，是一段从市区到郊区的长途。

抵达郊区的首站后，林怡随着人群下了车。望着周围陌生的环境，林怡的心里有一股说不出的滋味。她需要走到对面的车站，重新坐回去，而这一程又要花费四十分钟。她想到，要是有人知道自己该下车时不说话，肯定会嘲笑自己是个"傻子"。瞬间，她就对自己产生了失望感和厌恶感，指责自己"怂"到家了，连一句"我要下车"都不敢说。

社交焦虑的核心是过度关注自我

为什么林怡不敢说"我要下车"呢？原因就是，她害怕自己在说这句话的时候，车厢里的人会把目光投向她，让她在那一刻成为被关注的焦点。

不可否认，林怡担心的情况在现实中存在，相信多数人也都经历过。置身于安静的车厢，忽然有一个人起身下车，这时总会有旁人习惯性地看一眼。但，也仅限于"看一眼"而已，完全是一种本能的反应，不掺杂太多的个人情感和思想。通常，大家都明白这一点，也不会太在意，反正下车后各奔东西，可能此生都不会再见面了。

吉莉恩·巴特勒在《无压力社交》中指出：社交焦虑者的问题在于，他们太过关注自我，以至于把大部分的注意力都放在了自己的身上，无法关注内心情感以外的任何事情，导致感官瘫痪。在任何社交场合，总感觉自己被审视，总害怕自己表现得笨拙，试图通过安全行为来保护自己。

林怡在该下车的时候，为了躲避被关注，选择默默地坐过站，她认为这是"正确的事情"。可我们都知道，这样的选择，让事情变得更糟了。事实上，这样的情况不只出现在公交车上，她经常会在社交场合因为过度关注自我而陷入痛苦之中。

过度关注自我的负面影响

相关研究发现，社交焦虑者对身边环境具体细节的记忆，明显要比其他人少，且在给周围人的表情进行打分时，分数也很低。他们好像完全沉浸在自己的世界，对外面的事物全然不知，依靠想象去填补空白。

第一次去男朋友家时，林怡忐忑不安。刚一进门，她就暗想：他们肯定在打量自己。这个想法冒出来后，她就开始在意自己的每一个行为。她不敢轻易开口说话，担心自己可能会说错话，给男友父母留下不好的印象。

坐了半小时后，林怡想去卫生间，却不好意思起身离开。她满脑子里想的都是——"他们什么时候起身离开客厅""我该怎么表达自己想去卫生间"……忽然，不知什么原因，周围人说话的声音变得大了起来，像是在讨论什么，而林怡明显错过了。

她开始觉得，自己刚刚的表现很傻，让人感觉像是一个"闷葫芦"。事后，男友告诉她，并没有人注意到她的变化，虽然她没有说话，但大家觉得毕竟是第一次见面，还不太熟悉，不说话也是很正常的事情。

借助林怡的案例，我们可以看出：当注意力完全被自我占据时，很难有精力去关注其他事，这也导致无法准确地认识周围的事物，很难领会他人的话，留意他人做什么，接收不到对方的真实反应。然后，通过自己的想象去弥补这些空白，认定对方觉察到了自己的社交焦虑症状，猜想他们会怎样议论纷纷。这样又进一步加深了对自己的负面评价。

如何减少自我关注？

1. 把注意力放在周围的事物上

要避免过度地自我关注，最关键的一点就是把注意力更多地集中在身边的事情上，而不是自己内心的消极想法、感觉或情绪上。要尝试时刻注意身边发生的事情，保持开放的态度，这样做可以帮助你更好地关注与你互动的人，理解对方说的话，留意他们和自己的反应。

把注意力集中在周围发生的人和事上，可以阻断对自身表现的胡乱猜测，有效地摆脱那些认为自己表现得很糟的想法。当然，也不要把所有的注意力都放在别人身上，完全忽略自己的存在。对社交焦虑者来说，最终要实现的目标就是，做到对内心和外界同等关注，可以自如地切换关注点，而不是完全沉浸在自我世界。

有时候，虽然社交焦虑者尝试把注意力转移到其他人身上，但还是会发现自己的注意力慢慢地被内心的情感拽走了。这是正常的现象，毕竟注意力不是静态的，它会有起伏。这时候，需要多尝试几次，重新把注意力从自己身上转移到外部事物上（没有危险性的），或者做点其他事情吸引注意力。

2. 放弃对"理想的行为"的预期

社交焦虑者总是担心自己的言行会出现"错误"，试图让自己时时刻刻都能表现得如预期一样。事实上，有谁能够说出"理想的行为"是什么样的呢？又有谁真的可以达到"理想的预期"呢？每个人都有自己看待事物的角度和方式，从客观上来说，只要人与人之间存在差异，就不可能存在一种标准化的"理想行为"。

按照想象中的"理想行为"去要求自己，本身就是在给自己制造压力。按照现实原则，只要选择感觉舒服或是对自己有益的方式就好了，大可不必为自己的行为模式感到不安。

退一步说，就算周围人注意到了你的细微变化，往往也不会在意，因为那对他们而言并不重要。你不是世界的核心，也不是别人生活剧本里的主角，多数人不会太在意别人做什么，也不会花费太多时间去评价别人，他们更关心的是和自己有关的事情。

总之，记住一句话：这个世界上没有人像你在乎自己那样在乎你！

08 【实践课堂】：从改变想法到改变行为

大多数的社交焦虑者，为了避免尴尬的局面，或是让自己免遭嘲笑和负面评价，会选择避开有风险的场合，或是以"安全行为"来保护自己。这种心理和行为选择是可以理解的，但从长远来看，这些行为并不能让问题得到解决，相反还会让问题进一步恶化。

上一篇我们提到，社交焦虑者与人交往时，要尝试将注意力转移到外部的人和事上，留意他人在做什么，有什么样的反应？如果社交焦虑者通过练习，可以做到这一步，那真是不小的进步，但要解决问题，还不能止步于此。因为克服社交焦虑的结果，最终一定得体现在行为上，让社交焦虑者摆脱过去的行为模式。对此，吉莉恩·巴特勒从认知的角度，为社交焦虑者提供了一个思路：

✏️ 识别焦虑的想法——你在想什么？

1. 当你感到焦虑时，你脑子里在想什么？然后会发生什么？事情结束之后又会怎样？

参考：我感觉很紧张，脸红发烫，身体发抖。别人表现得都很从容，只有我紧张不安。事情结束后，我觉得自己很差劲，什么都做不好。

2. 当时可能发生的最糟糕的情况是什么？

参考：自我介绍时结结巴巴、声音颤抖；或者在自我介绍前，找个借口离开。

3. 在这件这事情上，你最在意的是什么？

参考：我在意自己的表现，害怕被人识破自己的紧张和焦虑。

4. 你怎样看待这一经历？对自己和他人又有怎样的看法？

参考：我觉得自己不该参加这个课程，我永远也无法跟其他人一样，落落大方地表达自己的想法。没有人知道我是这样的怯懦，我自己都看不上自己，更不要说别人了。

向想法发出质疑——它们是真的吗？

厘清自己的想法后，不要跟着想法走，而是要向它们发出质疑：它们是事实吗？

例："他们一定觉得我很差劲，连做个自我介绍都结结巴巴的……"

提出质疑：这是真实发生的，还是我的想象？怎么知道别人就不紧张呢？别人会因为我紧张而认为我很差劲吗？如果这件事情发生在别人身上，我会怎样看待和评价呢？

找出替代性的回答——也许……

针对自己发出的质疑，用另一种思维方式来回答。

参考1："每个人都有紧张的时候，就算我介绍自己时不太自然，也不代表我很差劲。"

参考2："也许他们当时正在想别的事情，并没有留意我的表现。"

参考3："我还没有上台介绍自己，也许我的表现没有想象中那么糟糕。"

改变安全行为——这样做会如何?

安全行为,是社交焦虑者为了保护自己所做的行为。如果没有它们,当事人就会感觉惶恐不安。然而,长此以往,安全行为会阻碍当事人认清现实,导致问题进一步恶化,特别是当它们变得愈发明显和引人注意时。

举例来说,你试图用小声说话来避免吸引他人的关注,可恰恰因为声音小,对方会要求你重复一遍。这样一来,你可能就要在更多人的关注下,更大声地重复你的话。那么,当脑海里冒出想要利用安全行为逃避恐慌时,该怎么处理呢?我们可以借鉴和参考一下吉莉恩·巴特勒在《无压力社交》一书中提供的相关步骤:

1. 思考

为了防止自己处于弱势或暴露于人前,你都做了些什么?尽可能把你想到的安全行为都列出来,并不断补充。

2. 预测

如果不保护自己的话,你认为会发生什么?最糟糕的情况是什么?

3. 检测

从清单中选择一项安全行为,然后设计一个实验,检测在放弃安全行为后会发生什么?比如,你选择的是"回避他人的目光",那么你可以试试，直视别人的眼睛，看看究竟会发生什么？确认令你感到恐慌的事物，是否真有想象中那么危险？如果一开始会觉得有些焦虑，不妨再试一次，看看焦虑感是否会降低？

4. 评估

回想你改变了行为模式后，都发生了什么？你的那些预测都发生了吗？你是正确的吗？你有没有被自己的焦虑误导？让你感到害怕的事物，究竟是真实存在的，还是你的恐慌感？这说明了什么？

概括来说，你要了解自己有哪些安全行为，以及做事情之前的心理预测。然后，尝试从最简单的部分做起，观察自己的预测是否应验，慢慢建立信心。通过反复练习，可以帮助你改变思维模式和行为模式，不再只想着"逃避"。

从某种意义上来说，社交焦虑是害怕自己的做事和行为方式会造成尴尬，招惹嘲笑，或是暴露自己社交焦虑的症状。改变行为模式（放弃安全行为），不意味着非要"做正确的事"，也不意味着要学会用正确的行为防止"坏"事发生。

社交中难免会出现一些尴尬的时刻，这几乎是无法避免的，但你可以选择如何看待它。你不把它当成灾难，它就不会像灾难一样影响你的行为选择；行为模式的转变，又能促使你重新评估社交威胁，学会用另外的视角去看待问题，由此进入一个良性循环。

09 【自由练习】：提升拒绝力

方法1：说话训练

每天安排半小时，在家里进行说话训练。你可以对着镜子练习，假设镜子里是你最崇拜和最讨厌的人，练习如何与这两种角色沟通交流。

方法2：健身运动

选择你喜欢的运动，可以是跑步，也可以是跳绳、游泳等。运动能够提升一个人的精神状态，能进行积极和主动的思考。经常运动的人，很少逃避问题，也很少委曲求全。

方法3：确立底线

为自己确立几条不容触碰的底线，让它们成为你的人生原则。这可以让你变得果断，不至于临时想办法，为某些事丧失自己的原则。

方法4：体验痛苦

痛苦并不总是坏事，关键是对待痛苦的态度。要成长，必然得经历痛苦。不要害怕失败，也不要害怕不被喜欢，那都是人生的必修课，它们会让你变得坚强，更清楚自己想要什么。

方法 5：坚定信念

有什么样的信念，就有什么样的态度；有什么样的态度，就有什么样的作为；有什么样的作为，就有什么样的结果。要得到一个美好的结果，就必须树立正确的信念。

方法 6：备案思维

顺利的时候想到不利，不利的时候想好退路，现行方案行不通，及时拿出备用方案。拥有备案思维，无论在工作和生活中遇到什么样的突发情况，都能从容应对。

方法 7：强大自己

唯一能够限制的，只要你自己的头脑。外部世界，始终是你内心世界的投射，任何的外部力量都不足以击垮你，除非你自己认输。不断强大自己，才能底气十足；如果你很虚弱，言行都会苍白无力。

方法 8：实事求是

不要欺骗自己，也不要欺骗他人，这两种结果是一样的。蒙上自己的眼睛，不代表世界就一片漆黑了；蒙上他人的眼睛，也不代表光明就属于你了。

方法 9：专注目标

只要你定下了属于自己的目标，就不要去管他人的眼光和口水。

我们无法堵住别人的嘴巴，但我们能掌控自己的行动。

方法 10：克服恐惧

把所有的精力都放在自己想要的东西上，不要总是去关注自己在害怕什么。不然，恐惧一直都会缠绕你，而且会越来越强烈，直到最后把你击垮。

方法 11：接受道谢

当别人真诚地向你表示感谢时，你要坦然地接受，这样能够减轻对方的心理压力。如果在帮助别人之后，又拒绝他人的谢意，反倒会让人觉得你自视清高、不好相处。

方法 12：自我嘲解

被坏情绪缠上，在怒气即将喷发出来时，不妨自我嘲解一番。等把自己逗笑了，或是感到无奈的时候，你会呈现出"随他去吧"的心境。

方法 13：积极回应

遇到不公正的待遇时，责骂和暴力都不是最好的解决方法。对于那些伤害你的人，要么置之不理，要么冷静而认真地告诉对方你的感受，让对方明白他的言行对你造成了伤害。这种积极的回应方式，能够让对方正视自己的行为，也能弥补自己受到的伤害。